图文科普大检阅

食物科技大革命

许锴鸿 编

黄河水利出版社
·郑州·

图书在版编目（CIP）数据

食物科技大革命 / 许锴鸿编. — 郑州 ：黄河水利
出版社，2013.4
（图文科普大检阅）
ISBN 978-7-5509-0461-3

Ⅰ．①食… Ⅱ．①许… Ⅲ．①食品科学–少儿读物
Ⅳ．①TS201–49

中国版本图书馆 CIP 数据核字（2013）第 086882 号

出版发行：黄河水利出版社

社　　址：河南省郑州市顺河路黄委会综合楼 14 层（编码：450003）

电　　话：0371–66026940

网　　址：http://www.yrcp.com

印　　刷：河南承创印务有限公司

开　　本：787 mm×1 092 mm　1/16

印　　张：14

字　　数：234 千字

版　　次：2013 年 4 月第 1 版

定　　价：20.00 元

目 录

庄稼的食谱

人类为满足生长发育所必需,要从食物中获取各类营养。每当我们津津有味地享用着可口的饭菜时,还须听听营养专家的忠告——科学合理的膳食结构,是给我们带来健康和精力的前提。

古往今来,长寿者们共同的秘诀之一是定有一个科学的食谱。

春种一粒粟,秋收万石粮。农作物吃的是什么呢?庄稼是否也应该有一个"食谱"呢?

研究表明,农作物从种到收,其中最重要的营养之一,就是肥料。科学家认为,施肥在农作物增产诸因素中大约起三分之一的作用。

科学家从探索植物营养,到发明化学肥料并应用于生产,前后经历了200多年的时间。

庄稼"食谱"研究

200多年前就有人提出了这个令人感兴趣的问题。英国人塔尔1731年在他著的《马拉农业》书中写道:对于一个农民来说,头等重要的技术就是善于供给庄稼营养,借以获得最好的收成。但是,如果他不知道庄稼吃什么,怎么能获取丰收呢?

植物营养是科学家长期探索的秘密。18世纪末,比利时化学家海尔蒙特曾做过一个著名的"柳树实验":把一株重约2.3千克(5磅)的柳枝插在一个装有约 90 千克(200 磅)烘干土壤的陶制容器里,经常注入清水。经过 5 年后,把柳树的枝干、树皮、树根分别称重。其结果是这株柳树总质量 75 千克（169 磅 3 盎斯），而容器里土壤质量仅减少 58 克(2 盎斯)。他们认为,水是植物生长的唯一食物。英国科学家伍特沃德做了另一项有趣的试验。他分别在同等体积的 3 个容器里注入蒸馏水、河水以及掺入土壤的河水,分别种上薄荷幼苗,56 天后称重。结果发现,在蒸馏水里生长的薄荷苗重 2.5 克,在河水里生长的薄荷苗重 9.0 克,在掺入河水的土壤中生长的薄荷苗重 18.994 克。后一种比前两种处理的薄荷苗,分别增重 6.6 倍和 1 倍。他认为:组成植物体的物质是土壤,而水仅仅是供给植物以流动的土壤的载体。

荷兰科学家英格豪斯通过实验指出:在查明有生命植物体真正的营养物质时,首先需要弄清楚什么是必不可少的,即缺之则亡、存之则生的基本物质。他所做的试验证明,空气是植物唯一的真正的食物。

众说纷纭,莫衷一是。

瑞士科学家尼·索修尔是探索植物营养的引路人。他把植物的根、茎、叶、花等不同部位分开,装进密封的玻璃瓶里,观察植物在与外界空气隔离条件下发生什么变化,同时测定密封瓶里空气的含量和成分。尼·索修尔发现,在肥沃的土壤中生长的植物,其体内的物质主要来自水和空气,只有小部分来自从土壤吸收的矿物质。尼·索修尔还发现,在阳光照射下,植物能够通过叶片吸收二氧化碳;这些二氧化碳又与根部吸收的水分结合,形成简单的糖类,然后又向空气中释放氧气。但在黑暗条件下,植物叶片又从空气中吸收氧气放出了二氧化碳。试验证明,二氧化碳是植物生长所必需的。

尼·索修尔提出了一个新问题:少量的二氧化碳对植物生长有良好作用,大量的二氧化碳会产生什么情况呢?他进而设计另一个试验,把植

物移植在高浓度二氧化碳并遮光的玻璃瓶中。当二氧化碳含量超过空气中正常含量的1/2时，植物就慢慢地死去。即在没有阳光的条件下，由于植物不能把二氧化碳和水分同化为糖类，稍多一点的二氧化碳就会使植物窒息致死。尼·索修尔进一步分析植物叶片周围的空气成分，发现植物并没有从空气中吸收氮。这表明植物所需的氮是通过根系从土壤中吸收的。他又对根系生存环境进行分析，发现只有氮素被固定在根系周围，并且在呈溶解状态时才能被植物根系吸收。尼·索修尔还把植物干燥后焚烧，分析植株不同部位各种化学成分的含量。1804年，尼·索修尔把研究结果编著成《植物化学之研究》一书，成为指导后人研究农业化学的经典著作。

经过几代科学家的研究，揭开了庄稼的"食谱"。占农作物干物质总量95%以上的是碳、氢、氧三种化学元素，在其余的5%的成分中，有氮、磷、钾、钙、镁、硫以及铁、硼、锰、锌、铜、钼等十几种化学元素；农作物体重的80%~90%是水，而水是由氧和氢化合而成的。所以，作物体内的氧和氢主要是从吸收水分而来；碳素是植物从空气中吸收二氧化碳而来；而氮、磷、钾等十多种化学元素，则是作物通过根系从土壤中获得的。

化学肥料

化学肥料的诞生和德国化学家李比希的名字紧紧地联系在一起，是他的毕生研究最终导致产生一项世界上全新的产业——化肥工业。后人尊称他为"化学肥料之父"。

李比希1803年出生于德国。他第一个揭示自然界以其独有的方式向植物提供氮素的过程。他做过这样一个实验：采集几百千克降雨，尽量避免掺入空气中的杂物。通过把雨水蒸馏获得黄白色的晶体。这就是

食物科技大革命

可为植物吸收的氮素。这种含有硝酸盐的雨水,就是生产氮肥的最原始的材料来源。他设计了另一个实验:把植物烧成灰,分析它们的化学成分,发现一些无机元素,如磷、钾、钙……这些元素是从哪里来的呢?李比希穷追不舍,他进而观察根系活动以及根际土壤的成分。有一次,他从被植物根侵蚀的石灰石上的痕迹受到启发,认为这是根液与石灰石之间发生的化学反应。土壤中一定含有植物生长所必需的矿质元素。植物根系分泌酸性液体,把这些矿质元素溶解。根系是从溶液中把它们吸收进去的。

经过多年观察,李比希提出一个重要的理论:农作物连年不断地从土壤中吸收矿质元素,而土壤中所含的矿质元素远远满足不了作物的需要,必须采取措施再把它们归还到土壤中去。李比希还认为:农作物产量取决于土壤中那个相对含量较少的最有效的元素。换言之,如果农作物种植在缺钾的土壤里,尽管土壤含有大量其他必需的营养元素,如氮、磷等,其产量仍因土壤中钾元素不足而受到限制,必须补充施入钾肥。这就是后人称之为著名的施肥"最小因子定律"。

李比希向农民宣传:要把秸秆和粪肥归还到农田中去。他还建议农民要根据土壤养分分析结果,补充施入肥料以获取农作物的最好产量。

1845年,李比希创办了一家化肥工厂,着手研究和生产氮肥和磷肥。他亲自配料、测试、鉴定,直至制成产品。最后在小农场里测试化肥的效能。整整5年,李比希冥思苦想,反复检查,最后获取成功。施用化肥的作物比不施用化肥的作物,其产量高出1倍乃至几倍。

怎样把施用化肥的增产效果展示给农民呢?英国著名的洛桑试验站100多年来一直坚持向英国和全世界提供农作物营养、肥料、土壤、气候方面的试验资料。劳斯和吉尔伯特是这个试验站的创始人。他们用长达60年的科学试验向农民展示化学肥料的增产效果。劳斯从施肥试验中

发现用硫酸处理骨头能产生水溶性磷酸盐，用硫酸处理磷矿石能产生磷酸盐，它们很容易被植物吸收。劳斯把这种肥料称为过磷酸钙。1842年5月，劳斯获得生产这种肥料的专利，并兴建了化肥工厂，生产磷肥，包括过磷酸钙、磷酸钙、硅酸钾等。劳斯和吉尔伯特在洛桑试验站做了一项有名的小麦产量试验，即在从未施肥的试验田里，小麦连年的平均产量为每公顷 810 千克；在每年施入 2.5 吨粪肥的试验田里，小麦平均产量每公顷达到 2190 千克。另两项化肥试验：施入磷、钾两种矿质肥料，小麦每公顷产量 960 千克；单独施入氮素肥料，小麦每公顷产量 1500 千克；施入含有氮、磷、钾完全成分肥料，小麦每公顷产量 2010 千克。劳斯和吉尔伯特根据研究结果和各类肥料的成分，精心地绘制各种作物的产量和所需养分的图表。农民可以根据这种表格查对自己耕种的土地怎样进行施肥管理，以便获取预期的产量。

劳斯和吉尔伯特把肥料和施肥技术传布到农业生产实践中去。农民记下他们的功劳。1893 年，他们两人荣获英国皇家科学院李比希银质奖；第二年，又荣获威尔士金质奖。

用化肥换取

化肥的生产工艺解决了，农民也认识到施用化肥的增产效果。但怎样才能大规模地生产化肥呢？

土壤中含有一定数量的养分，但它满足不了农作物高产的需要。就拿氮素来说，土壤含氮量仅占千分之一，有机肥中含氮充其量不足 1%，而农作物需氮量则要大得多。科学家发现有一种可以作为氮肥来源的矿物质叫智利硝石，它的化学成分为硝酸钠，含氮量达到 15%。但只有南美洲的智利才有储存和生产，而且储藏量很有限，很难供应全世界农

田施肥之用。

社会在前进，科学在发展。

自然界的偶然现象常给人以启迪。科学家发现，在茫茫无际的空气中，80%的气体是氮气，在地球表面1平方米之上的空气中，就含有750万立方米氮。但出现的问题是，空气中的氮是氮气，在常温下它是一种惰性气体，活性极差。但在雷雨季节的雷鸣电闪、雨滴中经常夹杂着少量的氮素进入土壤。进一步观察发现，雷电产生的电火花温度很高，强迫"懒惰"的氮气全部活跃起来，在氧气中燃烧变成二氧化氮。二氧化氮溶解在雨滴里，变成了硝酸，随雨滴进入土壤，硝酸再与土壤中的钠盐作用，生成了硝酸钠。科学家估算，雷鸣电闪，一个电火花通常长达几十千米，每年雷雨给大地带来的氮素多达4亿吨。

向大自然索取氮素，是科学家的研究课题。

随着电力工业的发展，1901年，科学家发明了"人造闪电"，即通过电弧迫使空气中的氮与氧化合成二氧化氮，进而获取氮肥——硝石。但是，用电弧法生产氮肥耗电多、成本高、效率低，不大可能进行工厂化生产。科学家进而研究，在高温高压环境下可以使氮气与氢气结合在一起，氮分子终于被拆散，生成一种新的氮氢化合物——合成氨。

1913年，德国建立世界上第一个合成氨装置，为发展氮肥工业奠定了基础。合成氨来源于氮和氢的化合。氮来自于空气，氢来自于水。水和空气又是自然界极为丰富的资源。在化肥工厂里，把矿石、煤、水、空气、石油等作为基本原料，先制成氨，再使氨与其他化学物质化合，生产出各类氮肥。化学肥料便于运输和机械作业，有效成分含量特别高，发挥肥效也特别快。例如100千克尿素中就含有46%的氮素，施入土壤后5~7天即可溶解并为植物的根系吸收。

德国科学家后来发现了钾盐矿，并成功地从盐水中提取出氯化钾；

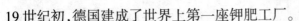

19世纪初,德国建成了世界上第一座钾肥工厂。

现代化肥工业诞生了。它是从空气中的氮气制造氮肥,从磷灰石制成磷肥,从海(湖)水中提取钾肥。现今全世界已发展起丰富多样、品种齐全的"化肥世家"。举例来说:氮肥有尿素、硫酸铵、硝酸铵、碳酸氢铵、氨水等,磷肥有过磷酸钙、钙镁磷肥、磷酸铵等,钾肥有硫酸钾、氯化钾、碳酸钾等。此外,还有名目繁多的微量元素肥料,如硼酸(硼肥)、硫酸锰(锰肥)、硫酸铜(铜肥)、氯化锌(锌肥)、钼酸铵(钼肥),等等。为了控制肥料养分释放速度,科学家又相继研制了长效肥料、复合肥料和缓效性肥料等。

在传统农业阶段,农业生产依靠自身的有机营养如秸秆、枯枝、残茬等返回土壤以维持再生产,即所说的封闭式物质能量循环系统;化学肥料的投入,大大增加了外部物质能量的投入,即所说的开放式物质能量循环系统,极大地提高了耕地的产出率。

20世纪初期,全世界每年大约生产化学肥料(主要是氮肥)不到500万吨,施肥面积很小;到20世纪末期,世界生产化肥(纯)已达1.5亿吨。其中氮肥9100万吨,磷肥3500万吨,钾肥2500万吨。每公顷耕地平均施用化肥约900千克;在农业发达国家,每公顷耕地施用化肥达1500千克以上。中国是世界上化肥生产大国之一,1998年全国耕地施用化肥总量4000多万吨,居世界第三位。科学家估算,每施用1吨化肥(有效成分),相当于增加3~4公顷耕地农作物的产量。现在全世界约有1/2的粮食和其他农产品,都是通过施用化学肥料转换而来的。

化肥的功过有争议

化学肥料为农业增产立下了汗马功劳,在未来的农业发展中它仍然要唱"主角",依靠它换取粮食以满足人口日益增长的需要。但也有人

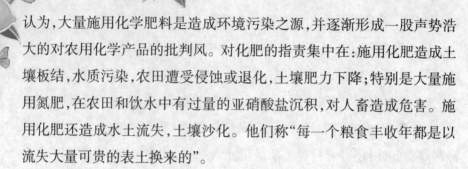

认为,大量施用化学肥料是造成环境污染之源,并逐渐形成一股声势浩大的对农用化学产品的批判风。对化肥的指责集中在:施用化肥造成土壤板结,水质污染,农田遭受侵蚀或退化,土壤肥力下降;特别是大量施用氮肥,在农田和饮水中有过量的亚硝酸盐沉积,对人畜造成危害。施用化肥还造成水土流失,土壤沙化。他们称"每一个粮食丰收年都是以流失大量可贵的表土换来的"。

事实上,在20世纪80年代初,对农用化学产品的批判在发达国家中早已酝酿发生并此起彼伏。当时由于石油涨价,一些学者试图抛弃"无机农业",提倡所谓"有机农业"或"生态农业",实质上主张走"低投入农业"之路;其理论核心是完全不投入或少投入化学产品,以减少或降低农业成本。

对化肥的批判引起世界各国政府及学术界的关注,事出有因,看法迥异,而宣传媒体过分地夸大了。

美国的科学家举出几例:关于水质污染问题。据报道,典型的与施用化肥有关的损害人体健康的疾病叫蓝婴(Blue-baby)综合征,如果饮用井水的亚硝酸盐含量在万分之二以上可诱发此症。但调查表明,更多的发病诱因是化粪池的渗漏,而不是化肥的残毒。据美国科学家(1990)在俄亥俄州对1.4万口井取水样分析,硝酸盐的含量只为百万分之五至百万分之七,所谓硝态氮污染并无依据。科学家(1988)对依阿华州和宾夕法尼亚州的井水作了检测与比较,两地亚硝酸盐的含量基本一致,均低于十万分之一。但宾夕法尼亚州氮肥用量比依阿华州氮肥用量低三分之一,其余部分则来自厩肥和豆科植物。这表明,氮素在土壤中的行为是相同的,而与肥料来源无关。美国学者(1994)对美国东部、中西部和南部农业区3万多口井水进行分析,绝大部分(63%)井水中的硝态氮含量低于千万分之三,只有3%的井水硝态氮的含量为十万分之一,略高于

国际饮用水规定的硝态氮含量的临界值。究其原因，还主要与井旁长期堆放的厩肥渗漏有关。另据对依阿华州德梅因河水分析，1945年时河水中的硝态氮含量为百万分之五，当时农田从肥料供氮仅占总供氮量的0.3%。45年后的1990年对河水再次分析，硝态氮含量为百万分之五点六，而从化肥中所获取的氮已达到总供氮量的63%。显然，早期硝态氮来源于有机质的矿化，今日之硝态氮既来源于氮肥，又来源于土壤有机质。这表明合理施用化肥并非水质污染的原因。

主张实行"有机农业"的学者希望摒弃化肥，生产"无公害"食品。但忽视了两个重要的事实：第一，哪里能制造出那么多的有机肥呢？全世界充其量只能提供"有机农业"不足20%的肥料，即使畜牧业十分发达的美国，也只能满足30%的动物粪肥。据估计，美国每年来自动物厩肥中的有效氮约190万吨，仅相当于每年施用氮化肥的18%。第二，有机肥料来源复杂，它自身就是一个寄生各种微生物和菌类的污染源，如果质量不高或处理不当，施用有机肥料不一定比化肥能获取更高的产量。

1990年，美国140多位科学家联名公布一份令人信服的调查报告指出：①如果现在立即停止使用化肥，美国玉米总产量预计将减产52%，生产成本提高61%，粮食出口剧减。②美国消费者每人每年将多支付428美元用于购买食物。相当于中等收入家庭食物支出的12%，低收入家庭食物支出的44%。③美国农业单位面积产量将恢复到20世纪40年代的水平。如果仍要保持今天的高产量，则需要新增5007万公顷耕地。④每施用1吨氮肥(有效成分)的产出，在美国相当于增加2.7公顷灌溉地的产量或1.8公顷旱地的产量，在泰国相当于3.2公顷耕地的产量，在秘鲁相当于6公顷耕地的产量。⑤完全依靠厩肥中的养分来源所造成的生态压力比化肥更为严重。因为同等养分的厩肥使土壤负荷增大，可能会造成板结和径流。还会增大生化耗氧量，导致微生物污染。结

论很明确：当今世界绝大部分农产品是农用化学产品换来的，化肥是农业生产系统最主要的必不可少的物质投入。

增施化肥可以免去开垦新荒、减少污染以及确保农业的持续发展。

著名"绿色革命之父"勃劳格告诫说：就现有科学水平而言，农业化学产品的明智使用，尤其是化肥的使用，对满足世界 53 亿人口的生活是至关重要的。人们必须清醒地认识到，当今农民如果立即停止使用化肥和农药，世界必将面临悲惨的末日。这并非由于化学产品的毒害所致，而是由于饥饿所造成的。

谁是庄稼的"保护神"

"虫口夺粮",是人类在与自然抗争的长期实践中所总结出的经验。有科学家得出这样的结论:"没有农药,全世界将挨饿!"也许有人认为是危言耸听,殊不知在人类与大自然的抗争中,病虫草害对庄稼的危害是难以想象的。

天灾虫害

20世纪初,印度发生了一场旱灾,太阳火辣辣地烤着大地,农民成天眼巴巴地望着天空。有一天,天空突然出现了一大团黑压压、沉甸甸的"乌云",农民们奔走相告,无不欣喜若狂,久盼的大雨就要来临。然而"乌云"过后,农民却一个个眼泪汪汪,一片哀声,原本已是枯黄凋萎、奄奄一息的庄稼变得东倒西歪,枝叶残缺。真是祸不单行!原来这"乌云"并不是真正的"云",而是由数以万计的蝗虫所组成的蝗群!这些长翅膀的强盗落到哪儿,哪儿就要遭殃。

发生在我国的蝗灾也不鲜见。1927年,山东省的一场蝗虫灾害,使700万人流离失所,四处逃荒,饿死的人不计其数。

除蝗灾外,对农作物的危害还有病害。1845年,爱尔兰的马铃薯受晚疫病菌的危害几乎绝收,导致全国三分之一的人口因为饥饿而死亡,数十万人逃荒移居到国外。

据世界粮农组织（FAO）的统计，每年世界粮食生产因虫害损失14%，因病害损失10%，因草害损失11%；棉花等经济作物因虫害损失16%，因病害损失12%，因草害损失5.8%。全世界每年因病虫草等有害生物的危害造成的农作物经济损失达1200亿美元，相当于中国农业总产值的二分之一强，美国的三分之一强，日本的2倍，英国的4倍多，在病虫草害等严重发生的年份，其损失还远远大于这个数值。

病虫草害是庄稼的大敌，人类近万年的农业发展史，就是与病虫草害斗争的历史。农药正是为了满足人类与病虫草等有害生物斗争的需要，在实践中产生并得以不断发展。

早在公元前1000多年，人们就开始使用硫黄熏杀害虫和病菌，但直到19世纪中期，人们仅是根据直观的经验，利用一些天然物质对一些有害生物进行零散防除，并未形成农药的商品概念。

果园的怪事

1882年，法国的葡萄园里流行着一种叫霜霉病的病害，果园里成片的葡萄树出现叶片干枯、树梢枯死。

然而，在波尔多城却发生一件怪事，在一大片受霜霉菌严重危害的葡萄园里，靠近道路两边的葡萄树却枝繁叶茂，安然无恙。

波尔多大学的米亚尔代教授观察到此现象后，特地拜访了葡萄园的园艺工，园艺工笑着告诉他：由于马路两边的葡萄常常被一些贪吃的行人摘掉，他们为了防止行人偷吃葡萄，就向这些树上喷了些石灰和一些硫酸铜，石灰是白色的，硫酸铜是蓝色的，喷后的葡萄树像蓝白相间的金钱豹似的，行人们见了，以为这种树得了病，便不敢再吃它的葡萄了。

　　米亚尔代受此启发，经过几年的试验，终于研制出对葡萄霜霉病有优良防治效果的硫酸铜和石灰的混合液，并于1885年开始大面积地用于防治葡萄霜霉菌。为了纪念该杀菌剂在波尔多城的发现，米亚尔代特地将硫酸铜与石灰的混合液命名为波尔多液。随后的研究发现，对其他许多种植物病害，波尔多液也具有良好的防治效果。从19世纪末到20世纪40年代后期有机合成杀菌剂诞生之前，波尔多液一直是农用杀菌剂的主要品种，为农作物病害的防治做出了巨大的贡献。即使在今天，波尔多液仍是遍及全球极其广泛使用的杀菌剂之一，它的发现标志着农药进入科学发展时期。

"白色隐士"

　　20世纪40年代以前，农药的种类主要是硫制剂、砷制剂、汞制剂等为主的无机物和以除虫菊、烟草、鱼藤酮等为主的天然植物，由于其药效低、用量大、原料难得等因素，应用受到很大限制。自1939年瑞士科学家缪勒发现滴滴涕的杀虫活性后，农药进入了以有机合成化合物为主的迅速发展时期。

　　滴滴涕(DDT)是第一个人工合成的农药，早在1874年，德国化学家蔡德勒便在实验室内完成了对它的合成。由于不知道DDT的用途，这种白色晶体一直像一位隐士一样，在试管里待了几十年，有关合成DDT的文献也静悄悄地躺在图书馆的书架上，无人问津。

　　50年后，一次偶然的机会，长期从事有机氯化合物研究的缪勒博士翻到这篇文献，预感到其潜在的应用价值并用实验证实了他的预测。从此，这位"白色隐士"才见了天日。

　　1940年，瑞士嘉基公司首先将DDT推荐为杀虫剂使用，并于1940~

1941年间很好地防治了瑞士马铃薯甲虫的危害。由于科学发明的封锁，DDT的传播在使用初期受到一定的局限，直到1944年，意大利那不勒斯市发生了流行性斑疹伤寒病，死神的阴霾笼罩着全城，病势猖獗到不可收拾的地步，当地的医药、卫生机关用尽了一切办法，仍然无能为力，最后人们想到了农药DDT，希望通过DDT杀死斑疹伤寒病的传播者——昆虫、老鼠、跳蚤来控制病害流行，结果该方法取得了意想不到的成功，使用不久就迅速地控制了流行性斑疹伤寒的传播，DDT也由此"显赫于世"，成了家喻户晓的农药品种，在全世界范围内广泛地应用于发展农业、林业，保护人民身体健康等方面。据1952年出版的政府研究报告指出，1942~1952年内DDT至少拯救了500万人的生命，使数千万人免于疟疾、伤寒等疾病的传染，缪勒本人也因发现DDT的生理活性而荣获1984年的诺贝尔医学奖。

DDT发现不久，人们又发现了另一个重要的含氯杀虫剂——六六六，它是由6个碳原子、6个氢原子、6个氯原子组成的6环化合物。该化合物于1825年由法国科学家法拉第首先合成，1912年荷兰科学家凡德·林登发现六六六为含4个同分异构体——甲、乙、丙、丁的混合物，1941年英国卜内门（1C1）公司报道了其杀虫活性并发现在4个异构体中，丙体六六六是杀虫的主要成分。为了纪念林登，人们把含丙体99%以上的六六六命名为林丹。20世纪40年代，六六六与DDT一直是世界上生产量最大、使用最广泛的两种农药品种，它们在防治农林害虫和卫生防疫方面发挥着极其重要的作用。

在有机氯杀虫剂迅速发展的同时，人们又发现了另一类重要的农药——有机磷。有机磷农药的发现与第二次世界大战有着千丝万缕的联系。当时，德、美、英等国家集中力量进行军事毒剂研究，英国的桑德尔斯和德国的G.施拉德尔两个研究小组在合成有机磷神经毒剂时，发

食物科技大革命

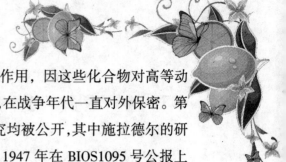

现其的络合物对昆虫也具有很强的毒杀作用，因这些化合物对高等动物有剧毒。因此主要用于制造化学武器,在战争年代一直对外保密。第二次世界大战后,德国的秘密工业和研究均被公开,其中施拉德尔的研究结果被英国军事调查委员会(BIOS)于1947年在BIOS1095号公报上发表,其中代号为E605的化合物因其对各种害虫具有优良的防治效果,引起了农药科研工作者和众多农药厂家的极大兴趣,并很快大量生产用于田间害虫的防治。E605的正式名称是对硫磷,但人们至今仍习惯地称之为E605,我国也把它叫作一六零五。

E605的问世是有机磷在农业上的一大突破,是农药研究中的重大成就。将E605的结构稍加改变,随后又合成了若干个E605的类似物,大多数化合物对多种害虫都表现了优良的杀虫活性,其中一些化合物还表现出很强的杀菌能力、除草能力和调节植物生长的能力。因此,有机磷化合物被广泛地用作杀虫剂、杀菌剂、除草剂和植物生长调节剂。至1990年时,全世界生产的有机磷农药为61种,占品种总数的21.8%;若以杀虫剂论,有机磷占杀虫剂品种的50%,其总的生产量居各类杀虫剂之首。

农药的时代

20世纪50年代是有机合成农药快速发展的时期,多种新的化学农药的开发,极大地满足了农业生产、卫生防疫的需要,大大地增强了人们征服害虫、病菌、杂草的能力。与此同时,随着化学农药的大量使用,其对人类、对环境的一些负面影响日渐暴露,农药对人畜的急、慢性毒性,农药对环境的污染,农药对有益生物的危害,以及农副产品中农药残留量的增加等逐渐引起人们的重视。

15

1962年,美国海洋生物学家卡逊出版了《寂静的春天》一书,用夸张的手法描绘了滥用农药的悲惨前景,在世界范围内引起强烈震动,农药的使用一时成了热门话题,甚至个别极端势力主张从此禁止一切化学农药的使用。在巨大的压力下,农药科研工作者没有却步。从20世纪70年代以后,通过加强对农药的法制管理和科学使用研究,研制开发出了一系列高效、低毒、易降解、与环境相容性好的农药新品种和剂型,其中最具代表性的是生物农药拟除虫菊酯类杀虫剂和昆虫几丁质合成抑制剂。从此,农药的春天来到了。

早在1800年,人们就认识到除虫菊的杀虫作用,并作为杀虫植物被引种至世界各地大规模栽培。1924年,瑞士化学家斯托丁格和鲁奇卡首先发表了除虫菊素的化学结构。1949年,美国化学家谢克特等合成了第一个拟除虫菊酯类杀虫剂——丙烯菊酯,但丙烯菊酯和随后发现的一系列拟除虫菊酯类农药见光很易分解,因而仅用于室内害虫的防治,尚不能用在田间防治农业害虫。1973年,英国洛桑试验站的艾列奥特成功地合成了第一个光稳定性拟除虫菊酯——氯菊酯,为拟除虫菊酯类农药用于农业生产做出了突破性贡献。

拟除虫菊酯类农药与同时期的其他有机合成农药相比,其用药量大幅度降低。如溴氰菊酯,其每公顷用量仅为15克,比常规提高了100倍,而对人、畜等哺乳动物的毒性反而分别降低了432.3倍(经皮毒性)和43.6倍(口服毒性)。另外,拟除虫菊酯农药与天然除虫菊素结构相似,在环境中易于降解。正因为拟除虫菊酯类杀虫剂这些卓越的优点,20世纪80年代以来,其研制开发已成为热潮,商品化的品种目前已达到40多种,使用面积已占整个农用杀虫剂使用面积的25%,成为当前防治农、林、卫生害虫的主要药剂品种。

昆虫几丁质合成抑制剂是一种昆虫生长调节剂。20世纪70年代初

期,凡·达阿仑等在筛选新的除草剂时,设想将敌草腈和敌草隆组合在一起可能有更高的除草活性,于是他们将敌草隆去掉两个甲基,用苯甲酰基取代苯腈,合成了 Du-19111。然而事与愿违,Du-19111 没有表现除草活性,却意外地发现它能影响昆虫几丁质合成而引起菜粉蝶幼虫死亡。这一重大发现,导致开发出一大类新型杀虫剂。昆虫几丁质合成抑制剂以其作用方式独特和杀虫活性高,对哺乳动物低毒,对鱼类、害虫天敌、蜜蜂均很安全,无残毒和环境污染之虑,故称之为"生物农药"。近30 年来,已有除虫脲、灭幼脲、定虫隆和灭幼唑等 10 多种品种商品化,成为保护庄稼的新"武器"。

在拟除虫菊酯类和昆虫几丁质合成抑制剂杀虫剂开发的同时,杀菌剂、除草剂中的一些内吸性高效、低毒品种也相继问世,如三唑酮等麦角甾醇抑制剂、甲霜灵等苯基酰胺类和多菌灵等苯并咪唑类杀菌剂,绿磺隆等系列磺酰脲类除草剂。由于这个时期开发的农药其药效大幅度提高,使田间用药量大大降低,有效地减少了农药对环境的不良影响和残毒。

20 世纪 70 年代以来,生物源农药的研制、开发也取得了突破性的进展,特别是农用抗生素和活体微生物农药的开发应用。农用抗生素是由微生物发酵产生的具有农药功能的次生代谢物质, 例如用作杀菌剂的春雷霉素、灭瘟素、井冈霉素,用作除草剂的吡丙氨酰膦,用作植物生长调节剂的赤霉素,以及被认为是近 10 年内杀虫剂领域最令人兴奋的杀虫剂——齐墩螨素。

活体微生物农药,即利用一些使有害生物致病的微生物作为农药,以工业方法大量繁殖其活体并加工成制剂来应用,如商品化的苏云金杆菌(Bt)、白僵菌、核多角体病毒、颗粒体病毒、病原线虫、微孢子虫等,由于生物源农药来源于自然,在环境中很容易自然降解,对环境没有任

何污染，因此显示了广阔的应用前景。

20世纪90年代以来，生物技术开始应用于农药领域，并取得了突出的成绩。例如，苏云金杆菌制剂(Bt)是一种对鳞翅目害虫有特效，对有益生物、人畜等安全的杀虫剂，但由于该活体微生物受紫外线影响较大，在田间难以充分发挥其药效。最近人们已将苏云金杆菌制剂(Bt)杀虫蛋白毒素基因转移到荧光假甲胞菌中，使荧光假单胞菌产生Bt杀虫蛋白素，由于荧光假单胞菌产生的色素可以防止紫外线对杀虫毒素的破坏作用，因而可使苏云金杆菌制剂(Bt)田间药效大为提高。更有甚者，人们已将经过改造后的Bt蛋白毒素基因成功地转入到烟草、番茄、棉花等作物中，得到了抗虫的植物。毫无疑问，生物技术赋予了农药新的含义。

随着社会的进步和科学技术的飞速发展，农药也在不断发展，不断完善。目前，农药品种正朝着高效、低毒、低残留、与环境相容的方向发展，农药的创制也突破了直接杀死有害生物的传统农药概念，而强调利用农药对有害生物的生理或行为产生较缓和的长期影响，即农药的作用不是直接杀死而是通过调节有害生物生长、发育、繁殖来达到控制其危害。在应用技术上，近年提出了"环境相容性剂型及使用技术"，大大地提高了农药在靶体上的沉积率，大幅度降低农药用量，减少对环境的影响。此外，随着有关农药安全性风险评价的管理日趋完善，生物合理农药将是人们与有害生物斗争不可替代的武器。正如1970年诺贝尔和平奖得主勃劳格所预言：我们要优先考虑的是吃并保持健康，为此必须要有农药。没有农药，全世界将挨饿！

食物科技大革命

揭开土地的面纱

把一粒小小的种子播入泥土,可以长出绿油油的禾苗、五彩缤纷的花朵、伟岸挺拔的大树。先民们对土生万物的认识,使他们产生了对土地的图腾崇拜。古罗马许多诗歌和神话传说中,把土地视为圣洁的女神,而且把"地"作为孕育天和地诸神的"万物之母"。中国古代也有许多土地是"聚宝盆"的传说。古代的自然科学家把"金、木、水、火、土"奉为演化世界万物的五行,著名的语言学家许慎在《说文解字》中指出:"土者,是地之吐生物者也。"土地是财富的象征,战国时代诸侯烽火不停,最终目的是为了争夺土地和城池。几千年来,许多人都问着同样一个问题:土地究竟有没有生命?她无声无语,为什么会孕育出生机勃勃的生命世界?

丰富多彩的世界

追溯现代土壤学的历史,至今已有 150 年了。土壤学的兴起和发展与自然科学,尤其是与化学、生物学等学科的发展相伴而行。德国地质学家用地质学的观点进行土壤研究,他们提出,被誉为万物之母的土壤,并不是亘古就有的,而是由岩石风化而成的。岩石中含有丰富的矿物质,恰恰是这些矿物质构成了土壤的内在质地,决定了土壤肥力以及许多最基本的性质。

19世纪中叶，德国化学家李比希提出了著名的"矿质营养学说"。他认为，植物所需要的养料几乎都是以无机的形态，通过植物的根从土壤中吸收获取的。所以要源源不断地给土壤补充矿物质营养，比如氮、磷、钾以及多种微量元素，以改善土壤的结构，提高土壤的肥力。李比希的理论不仅使德国的化学工业迅速崛起，成为德国赶超英国、雄踞工业大国的重要科学基础之一，而且促进了土壤学、土壤肥力学的迅速发展。

科学家们通过研究，发现土壤内部是一个丰富多彩的世界，一刻不停地进行着复杂多样的转化。在那里，既有有生命的物质，也有无生命的物质；既有复杂的高分子有机聚合物和矿物，也有简单的无机盐类；既有粗大的石砾砂粒，也有极其微细的土壤胶体。从形态上看，土壤是由固相、液相、气相三部分组成的。土壤中固相物质占50%，另一半是液体和气体物质。但依黏土、砂土的不同，各种物质成分也不同。这三相物质是紧密结合在一起的，用肉眼是无法看出它们独立的形态的。

在土壤水的运动中，与我们日常看到的水运动的形式是不完全一样的，虽然它也是地球水循环的一个重要环节。我们可以看到清晨草叶上的露珠，就连几十米高的树木叶片上也有露珠。这些露珠是从哪里来的呢？原来是土壤水通过毛细管源源不断地上升，进入植物体内，流到植物的顶尖上去了。水往高处流，是土壤水运动的一种奇观，也是土壤向植物补充水的最基本活动方式。

科学家把两只玻璃管垂直插入湿黏土中，在管中装满了水，并各自插入一只电极。不久电极之间出现了电位差。插在阴极玻璃管中的液体上升了，而插在阳极玻璃管中的液体却下降了，水明显地变混了。这说明，土壤中的液体通过多孔的黏土到达了阴极，出现了电渗现象。同时，一些分散的胶体颗粒向阳极移动，造成了液体的混浊。这个试验证明了土壤中存在着电动现象。这种带电性和土壤的另一些性能，成为土壤内

部运动的基本特性和化学变化的基础。

人们根据土壤胶体的带电性,可以用电磁方法去改良土壤。在水田中,利用人工电场,促使土壤中化学变化加速,使土壤结构发生变体。这种电磁改良方法对盐碱土的改良效果较好,已在大范围内使用。盖大楼和修路的时候,可以用电磁改良的方法,使土壤内部结构紧密,以提高地基和道路下垫土的承载能力。

世界上千奇百怪的土壤到底是怎么来的呢?19世纪末期,俄罗斯学者道库恰耶夫根据多年对俄罗斯黑钙土的研究,提出了自己的观点:土壤形成过程是由岩石风化过程和成土过程所推动的,影响土壤生成发育的因素可概括为母质、气候、生物、地形及时间。这种观点成为近代土壤发生学和近代土壤学的奠基理论。

美国土壤学家马伯特认为这是第一个可以承认的土壤学新理论。他主持改变了以往以地质学观点为主导的土壤分类系统和调查方法,于1927年提出了现代土壤分类方案,在世界范围内产生了较大的影响。中国的土壤学研究从20世纪30年代开始,受道库恰耶夫和马伯特影响较大。

1938年,瑞典科学家麦迪生提出了"土壤圈"的概念。这一概念,一方面反映了大气圈、生物圈、水圈、岩石圈对土壤物质组成的来源以及作用,另一方面也反映了土壤圈对四大圈的反作用,从而把生态环境、资源和土壤圈的变化联系起来,以便于在更大层面上对土壤进行研究。

现在人们把土壤看作是一种联系无机界和有机界的特殊生命通道,是一种能不断孕育生命的类生物体,是覆盖在地球陆地表面能生长绿色植物的疏松层。

土壤从何而来

如果不了解土壤常识,你很难相信,脚下那细碎的泥土和坚硬巨大的岩石原来曾是一体。大自然用了什么鬼斧神工,把坚硬的岩石变成了柔软的土壤?科学家们发现,地壳表面的岩石,在外界环境的影响下逐渐发生破碎和分解现象。大的石头变成了小块,小块再变成了细粒。在变化的过程中,不仅仅是体积变小变细了,而且还使岩石改变了基本的性能,形成了成土母质。这个过程就叫做风化过程。

在整个风化过程中,风化作用是多种因素交错进行的,很难截然分开。但按其基本性质,大致可以分成三种类型:

(1)物理风化作用。这是指岩石受物理因素作用而逐渐崩解破碎的过程。引起物理风化作用的,主要是地球表面温度的变化。地球四季与昼夜均有显著的温度变化。一年四季中的变化可达 40~50 摄氏度,在干旱沙漠地区昼夜温差可高达 60~70 摄氏度。岩石是不良导体,热的传播速度很慢。裸露在表层的岩石,白天烈日暴晒,温度升高,表面体积膨胀。而岩石内部受热少,膨胀慢。夜晚降温后,岩石表面迅速散热变凉,而内部高热却很难散失。这样寒来暑往,日久天长,会使岩石内部裂纹纵横交错,并发生层状性的剥落。除温度外,水滴石穿、冰冻、风蚀都会引起岩石的破碎。这就大大增加了母质面与空气的接触,为化学的风化提供了条件。

(2)化学风化作用。化学风化作用包括水溶、水解、水化、氧化作用。就像铁钉生锈一样,氧化作用是无时无刻在人们不知不觉中进行的。水是大自然中分布最广的溶剂,而岩石主要成分是无机盐类,在水中都能溶解。化学风化使岩石进一步分解,并从根本上改变了矿物的组成成

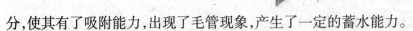

分,使其有了吸附能力,出现了毛管现象,产生了一定的蓄水能力。

(3)生物风化作用。当母质能够蓄水,初步提供营养时,就会有一些低等的细菌和植物在母体上诞生。而植物根系的发育穿插和小动物打洞造穴的行为,会进一步促进岩石的破裂。生物的活动,还能分泌出各种无机酸,进一步促进了化学风化的过程。

经过长期的风化,岩石变成了土壤母质。但母质并不是土壤,因为它还缺乏完整的肥力,不能让营养在母质中累积和集中。母质将和气候、生物、地形、时间共同作用,形成土壤生成的五大基本因素。

科学家们发现,不同的母质是形成不同土壤的基础,这就是黄土、红土、砂土、黏土等多种土壤形成的内因之一。

气候对土壤形成有重要的影响,其中温度和湿度对成土作用的影响很大。高寒地带植物生长缓慢,有机物积累很少,母质化学作用也慢。科学家们发现,温度每升高10摄氏度,化学反应速率可增加2~4倍。气候影响可使不同地带上同种母质发育的土壤有巨大的差异。比如在温带,自西向东大气温度递减,依次出现的是棕漠土、灰漠土、棕钙土、栗钙土、黑钙土和黑土。在东部湿润区,由北向南热量递增,土壤依次分布为暗棕壤、棕壤、黄棕壤、黄壤、红壤、砖红壤。

生物是影响土壤生成的最活跃因素。生物包括地上和地下的植物、动物和微生物。生物是土壤有机质的制造者。苏联土壤学家威廉斯认为生物因素是土壤形成的主导因素。特别是高等绿色植物,能把分散在母质、水体、大气中的营养元素选择性地吸收起来,利用太阳能合成有机质,从而改造了母质,提高了土壤肥力。

地形虽然不能提供任何物质和能量,但地表形态、坡度、高度、坡向等差异,都会引起热量和水分的重新分布,使相同母质产生的土壤有差异。比如我国天山托木尔峰南坡属温带大陆性半干旱荒漠和草原景观,

食物科技大革命

由山脚向上3000米的土壤依次为棕漠土、棕钙土、栗钙土、亚高山草原土;而北坡属温带半湿润气候,由山脚向上3000米的土壤依次为黑钙土、灰褐土、亚高山草原土。一座山就有这么多种土壤类型,足见地形对土壤形成的影响有多大了。

时间是土壤发育和演化的必要条件。随着时间的推移,土壤从无到有,不断发生、发展和演变。

在五大成土因素之外,不可漠视人为活动对土壤形成发展的作用。精耕细作,合理灌溉,可以使土壤肥力增加;反之,过度开垦,粗放耕作,大水漫灌,会导致土壤肥力的下降,土壤板结,水土流失严重。近年来,随着土壤环境的恶化,人们开始注意研究不合理的人类活动对土壤加速退化所产生的恶果。毁林开荒使水蚀严重,造成频频发作的泥石流;灌溉不当使大面积土壤出现次生盐碱化,使产量锐减甚至绝收;过度开垦引起风蚀严重,使持续不断的沙尘暴频频席卷中国的北方。

随着土壤科学的发展,学者们认为火山的活动、地震、新构造运动都是土壤形成的深层次因素。比如在第三世纪末隆起的青藏高原,就以她平均海拔4000米的身躯和万千条"血脉"冰川,挡住了肆虐的季风,沃育了下游的良田,使中国东部地区湿润丰饶,而有别于同纬度地带欧亚大陆内陆那干旱少雨的沙漠戈壁。

食物科技大革命

土壤的深处

土壤分类在古代，往往是直观的、零散的、带有地域色彩的。比如中国农民将土地叫做黄活牛肝土、死黄泥土、红土、碱土。又比如西方科学家根据庄稼的适种性，将土壤分成小麦土、大麦土、燕麦土和黑麦土。

20世纪50年代，出现了苏联、西欧和美国三大分类学派为主的土壤分类时代。在综合众长的基础上，美国科学家组织1500多位科学家反复研究修改，于60年代初提出了以诊断层和诊断特性为依据的土壤系统分类方法。这种方法影响巨大，有80多个国家采用。1974年联合国颁布的世界土壤图例单元，就是以美国土壤系统分类为基础的。为了促进国际土壤分类的统一，1980年在保加利亚成立了国际土壤分类参比基础。由于各地土壤发生的情况不一样，迄今全世界并没有一个统一的标准。

联合国粮农组织及教科文卫组织在出版的《世界土壤图例》中，将图例单元分为三级，一级单元28个，二级单元153个，基本覆盖全球土壤类型。该图例已被墨西哥和马来西亚等国家采用。

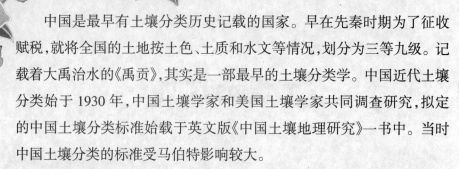

　　中国是最早有土壤分类历史记载的国家。早在先秦时期为了征收赋税,就将全国的土地按土色、土质和水文等情况,划分为三等九级。记载着大禹治水的《禹贡》,其实是一部最早的土壤分类学。中国近代土壤分类始于1930年,中国土壤学家和美国土壤学家共同调查研究,拟定的中国土壤分类标准始载于英文版《中国土壤地理研究》一书中。当时中国土壤分类的标准受马伯特影响较大。

　　新中国建立后,中国的土壤分类标准转向并使用苏联的分类标准。1958年中国进行了第一次土壤普查。1979年进行第二次土壤普查前,拟定了中国土壤分类系统草案,1988年修订出版《中国土壤分类系统》。中国现行的土壤分类级别共分为土纲、亚纲、土类、亚类、土属、土种、亚种共七级。

　　随着人们对土壤研究的深化,土壤科学发展为更多的分支,使人类能够更深刻地认识土壤,走进土壤世界的深处。

节水灌溉

水是生命之源,人离开了水将一天也活不下去;水是农业的命脉,庄稼离开了水也将不复存在。然而,随着人类的繁衍和大自然的变迁,全球气候变暖的趋势不可逆转,从而导致水的供需矛盾日益突出,已成为制约许多国家工农业生产和城市发展的瓶颈。特别是我国的北方地区干旱缺水的矛盾更为突出。

历史灾情统计表明,在我国自然灾害中,旱灾对农业影响最大,进入 20 世纪 90 年代,每年平均受旱面积 2667 万公顷左右,比 50 年代增加 1.5 倍,成灾面积增加了 3 倍。全国可发展灌溉面积只有 4000 多万公顷,大大影响了农业生产。目前,全国农村还有 7000 万人、6000 万头牲畜因缺水而饮水困难。大力发展节水农业,是解决 21 世纪水资源危机的根本出路。

水资源的现状

水是生物圈内生物地球化学过程的基本介质,是生态平衡的关键因素。一度曾是世界上大多数地区的一种丰富资源。不幸的是,在今后几十年内水资源将日益匮乏。

20 世纪 40 年代以来,随着社会经济的发展,对水资源的需求量大幅度增长。早在 20 世纪 70 年代,联合国已发出警告:"不要以为水是无

穷无尽的天授之物，事实上世界上的水荒正在不断加深，威胁人类生存。"

据统计分析，每人每年所拥有水资源在 1 万立方米以上的富水国不足三分之一，5000 立方米以下的贫水半贫水国占一半以上。即使在富水的大国，如美国和澳大利亚，也因时空分布不均常造成一部分地区干旱。一个国家一年中的用水量，达到或超过可供水量的三分之一，其开发利用程度便达到临界状态。撒哈拉大沙漠周围及中东地区的国家，早已接近或达到水资源开发的极限。淡水资源的紧缺，常导致国家之间的"争水纠纷"，如印度和巴基斯坦、以色列和约旦、叙利亚和伊拉克均发生过水的争端，甚至付诸武力。

人口膨胀和城市进一步发展，在一定程度上也导致了局部地区的严重缺水。据联合国粮农组织的看法，到 21 世纪 30 年代世界性的水资源危机将要到来。

我国水资源总量为 2.8 万亿立方米，说起来本不算少，居世界第六位。但是被全国人口数量一除，就少得可怜了，只相当于世界人均的 1/4，居世界第 109 位。中国已被列为全世界人均水资源 13 个贫水国之一。

据最新估算，在全国水资源中，2.7 亿立方米为河川径流量，占水资源量的 96.4%，地下水资源量中与地表水不重复的仅占 0.1 亿立方米，只占水资源总量的 3.5%。

在我国北方地区，特别是占总面积三分之一左右的干旱、半干旱地区，山前平原地下水资源，有 80%~90% 的水是由山区的河川径流通过各种不同方法渗漏补给的。地下水位连年下降，太行山、燕山山前平原地区，平均每年下降约 1 米，平原上、中部出现无数漏斗，标志着水资源日益贫乏。科学家们警告，华北地区未来 30 年将更干旱。

食物科技大革命

我国水资源是南多北少。长江流域及其以南的珠江流域、华南、西南诸河流域，年径流深度都在 500 毫米以上。而在北方各流域中，淮河为 225 毫米，略低于全国平均值，黄河、海滦河、辽河、黑龙江 4 个流域平均年径流深度仅 100 毫米左右，内陆诸河流域的年径流深度仅 32 毫米。

水与耕地、人口配套较差，上述南方流域的土地面积占全国总面积的 36.5%，耕地面积占全国的 36%，人口占全国的 54%，但水资源量却占 68.1%，人均占有水量 4180 立方米，约占全国平均值的 1.6 倍，其中西南诸河流域，水资源丰富，多为山地，耕地也不多。与此情况相反，北方的辽河、海滦河、黄河、淮河 4 个流域耕地占全国的 45.2%，人口占全国的 38.4%，但水资源仅相当于南方流域的 12%。

用水大户的责任

我国农业是用水大户，占水消耗量的 73%，占世界农业总用水量的 17%。每年农业灌区缺水 300 亿立方米，减产粮食 100 亿千克。20 世纪 90 年代以来，每年约有 667 万公顷农田灌溉面积得不到保证，还有占全国耕地面积 50% 以上的旱地，不得不靠天吃饭，产量低而不稳。

而另一方面，农业水分利用率却相当低，大水漫灌等落后的灌溉方式，使水资源浪费比较严重。北方小麦每 666.7 平方米（1 亩）灌水一般 200~300 立方米即可满足生产需要，但在引黄灌区用量每 666.7 平方米却高达 1000 立方米，以至于以色列农业专家看到大水漫灌时惊呼："简直是犯罪!"因此中国必须走节水农业的道路，这是我国经济建设中一项长期的基本国策。要充分利用降水和可利用的水资源，采用农业和水利措施提高水分利用效率，包括调整农业种植结构，培育抗旱节水品种，

少耕、免耕等农业技术和采取雨水汇集，喷灌、微灌等节水灌溉技术，从而达到农业节水的目的。

以缺水著称的以色列，实现全国范围输水管道化，输水效率高达90%以上，居世界首位。他们发展节水微灌技术，微灌面积10多万公顷，水分利用效率达2.32千克每立方米。而我国的水分利用率不足1千克每立方米。以色列高效农业的实践，为我国提供了丰富的经验。专家认为，如果采用先进的节水灌溉技术，将我国已建成的灌区灌溉水利用效率提高10%~20%，每年节约的水量相当于1~2条黄河的年径流量。

我国农业用水的有效利用率，一般不超过0.5，有的只有0.2左右。农田灌溉水在渠道输水的过程中，渠道渗漏损失占总引水量的50%~60%，有的高达70%~80%。根据实测，陕西省泾、洛、渭三大灌区，每千米渠道渗漏损失率一般均为0.4~0.5，每年渗漏损失水量有3.28亿~3.98亿立方米，相当于一个大灌区。田间灌水采用大水漫灌、串灌，水的有效利用系数也很低。每666.7平方米灌水量，我国北方为300~500立方米，东北和西北为800立方米，只低于印度，居世界第二位。因此，采用有效措施，防止和减少灌溉水的损失和浪费，节省农田灌溉用水，对于农业这个用水大户，是责无旁贷的。

节水灌溉的瓶颈

渠道防渗和平整土地是节约用水的基础。

通过各种渠道将灌溉水引入田间，是实现地面灌溉的一个重要环节。但在渠道输水过程中，通过渠侧、渠底的各种漏洞、裂隙所渗漏而损失掉的水量极为严重。如上文所述，有50%~80%的灌溉水在引入田间之前就渗漏损失掉了。

食物科技大革命

　　渠道防渗技术就是防止灌溉水在渠道渗漏损失所采取的措施,包括管理措施和工程措施。工程措施主要是采用砌石、混凝土、沥青、塑料薄膜等防渗材料,修建渠道防渗层及其保护层等,是防止渠道渗漏最根本的技术措施。按其特点可以分为三大类,即在渠床上加做防渗层(衬砌护面)、改变渠系土壤的渗漏性能和新的防渗渠槽结构形式。

　　平整土地是保证灌水质量,提高灌水劳动生产率,节约灌溉用水的一项重要措施。平整土地涉及山、水、田、林、路、渠、井、村等各个方面的安排,必须适应农田基本建设规划的要求。畦灌要求的地面坡度以0.001~0.003 为宜,最大不宜超过 0.01;沟灌要求地面坡度以 0.003~0.008 为宜,最大不宜超过 0.02。田块内的横水方向,一般要水平没有坡度。平整土地时应尽量保留表土,通常挖方处应保留表土厚度 20~30 厘米。

　　在美国,低压管道灌溉技术被认为是节水最有效、投资最节省的一种灌水技术。在加利福尼亚的图尔洛克灌区,早在 20 世纪 20 年代就开始用混凝土管道代替明渠输水。美国 60 年代开始广泛推广管道化输水,现在美国近一半大型灌区已实现了管道化。

　　节水灌溉制度是指在一定的气候、土壤和农业技术条件下,为了促进农作物获得高产、稳产及节约用水而制定的适时、适量灌水的具体方案。其内容包括农作物生长期内(含播种前)的灌水次数、灌水时间、灌水定额和灌溉定额。制定节水灌溉制度的核心问题,是确定总灌水量及其在作物生育期时程上的合理分配,以充分发挥水对作物生长环境的调节作用,收到增产、节水、节能的综合经济效益,为农业生产保驾护航。

　　美国在重视改善灌溉节水技术的同时也非常重视改善灌溉管理,在这方面,一是对灌溉系统进行全面改进;二是从土壤—植物—大气的特性及相互关系的原理着手提高灌溉水效率,改善作物供水状况,促进节能节水;三是帮助用水户制定水管理和节水计划,提供制订灌水方案

的技术,并向管理区提供操作技术方面的帮助。

根据我国北方地区的经验,节水灌溉制度的关键是,抓作物需水临界期灌水,减少灌水次数;适当降低土壤适宜含水量的下限,减少灌溉定额。如在黄淮海平原和关中地区,小麦、玉米一年两作,茬口衔接很紧,为兼顾前后茬,节水节能,在小麦收割前10天左右浇一次麦黄水,定额为每公顷600立方米,既可提高小麦抗旱能力,减轻干热风的危害,又有利于夏玉米及时播种,促进快长、早发,一水两用。

什么是喷灌

欧洲的一些国家,如瑞典、英国、奥地利、德国、法国等,气候湿润温和,农田灌溉率比较低,经济比较发达,劳动力比较昂贵,工业化程度高,所以比较重视自动化性能好、节省劳力的喷灌技术,喷灌面积占其总面积的90%~100%。

喷灌是将具有一定压力的水喷射到空中,形成细小水滴,洒落在土地上的一种灌水方法。喷灌技术与地面灌溉技术相比,有以下优点:

一是省水。灌水均匀度可达到80%~90%,并可根据作物需水状况灵活调整洒水量,与明渠输水的地面灌溉相比可省水30%~50%;在透水性强、保水力差的沙质土地上可省水70%以上。

二是增产。喷灌能适时适量地控制灌水,使土壤水分保持在作物正常生长适宜范围内,给作物创造良好的生产环境,达到较好的增产效果。玉米、小麦、棉花、大豆等,采用喷灌比一般沟灌增产20%~30%,蔬菜喷灌可增产1~2倍。

三是适应性强。几乎所有作物都适用,在地形坡度很陡和土壤透水性很大的难于采用地面灌溉方法的地区,在大小不平的田块都可以采

用。喷灌机械化、自动化程度高,因而可以省工、省水。

喷灌的局限性受风力和空气湿度影响很大,风速超过 3.0 米每秒时,就应该停止使用。喷灌投资高,对水质也有一定的要求。

什么是滴灌

一些缺水的国家和地区,采取与自己国情相适应的节水措施。如塞浦路斯,多年平均降水量 100~200 毫米,十分缺水,水价很高,对滴灌很感兴趣,滴灌面积占总灌溉面积的 80% 以上。以色列灌溉面积的 60% 以上为滴灌系统。

滴灌是通过安装在毛管上的滴头、孔口或滴灌带等灌水器,将水一滴一滴地均匀而又缓慢地滴入作物根部附近土壤中的灌水形式,由于滴水流量小,水滴缓慢入土,因而除紧靠滴头下面的土壤外,水分均处于非饱和状态,土壤水分主要借助毛细管张力作用入渗和扩散。

滴灌具有以下优点:一是省水、省能。能适时、适量地按作物需要灌水。水的利用率高,其用水量仅为地面灌溉用水的四分之一至五分之一,比喷灌用水节省 15%~25%。由于滴灌用水量少,工作压力比喷灌低得多,所以可节约能源。二是省工、省肥、省地。滴灌不需要平整土地、开沟打畦,不占耕地,且可以利用滴灌系统直接向根部施入可溶性肥料。三是灌水均匀,增产效益高。其均匀度一般可达 80%~90%。四是对土壤和地形的适应性强。

什么是渗灌

渗灌即地下暗道灌溉,利用修筑在地下的专门设施,将灌溉水引入

食物科技大革命

田间耕作层，借毛细管作用自下而上湿润作物根部附近土壤的灌水方式。适用于地下水较深，灌溉水质较好，要求湿润土层透水适中的地区。

日本位于半湿润气候区，但为了有效利用水资源，节约管理费用，降低劳动强度等，也进行了大规模地下管道灌排系统建设，日本全国30%左右农田实现了灌排管道化。

地下暗管灌溉具有灌溉水质量高，能很好地保持土壤，避免地表板结，且能减轻中耕除草劳动；蒸发损失少，较能稳定地保持土壤水分，节约灌溉水量；少占耕地，便于机耕，并可减少杂病虫繁殖；还可利用地下管、洞，加强土壤通气或排除土壤中的多余水分。但是，渗灌湿润表层土壤较差，对幼苗生长不利。在地下土透水性强的土壤上，容易产生深层渗漏，水量损失较多；地下暗管灌溉建设投资大，施工技术复杂，暗管易堵塞，又难于检修。

节水巧灌溉

作物节水灌溉是农业节水技术的重要内容。以色列在解决节水灌溉设备问题后，重点研究解决通过节水灌溉，提高单位蒸腾水的作物产量。一是研究在不降低作物产量的情况下，大幅度减小作物的蒸腾量；二是研究和探索在不增加作物蒸腾量的情况下，大幅度地增加作物产量的途径。拟通过这两个途径将粮食水分利用效率提高到 4 千克每立方米以上。

中国气象科学研究院等单位经过多年试验而研究成功的华北地区小麦优化灌溉技术，是对小麦耗水规律、土壤水分时空变化特征和小麦干旱规律等进行的研究，在此基础上，确定小麦适宜灌溉期和灌溉量，以充分利用麦田土壤贮水和自然降水；在保证小麦生长所需水分条件前提下，减少麦田水分的无效消耗；确定小麦需水关键期和干旱期用水，使有限的水资源发挥最大的经济效益。

根据他们的研究，在华北地区冬小麦底墒充足的一般气候年份，在小麦需水关键期和干旱时期浇 1~2 次水，即可达到每 666.7 平方米产小麦 300~500 千克；在生产水平高的地区浇三次水，产量可达 400~450 千克。其土壤为壤土，每次浇水为 50 立方米。

集雨节灌

集雨节灌是利用塘、堰、水窖，把雨水集存起来，在关键期用于灌溉。

在半干旱和半湿润易旱地区，降水有限，季节分布不均，年际变化大。一些国家分别采用了各种拦截雨水、减少蒸发和选用对雨水利用率高的作物等措施。如墨西哥自 20 世纪 70 年代初开始，在 7 个州对玉米、大麦、大豆和其他豆类等十多种作物，开发了多种类型的集水农业。中东各国则自古以来就实行集水农业，利用小农业集水区挖掘水池，拦截地面径流，保存雨水进行补充灌溉。

在我国干旱缺水地区，很难修建骨干水利工程，大都采用土办法解决现实的缺水困难。据不完全统计，到 2000 年，西北、西南、华北 13 个省、区共修建各类水窖、水池等微型蓄水工程 464 万个，总蓄水量 13.5 亿立方米，发展灌溉面积 150 多万公顷，解决了约 2380 万人、1730 多万头牲畜的饮水困难，使近 1740 万人的温饱得以解决。"微"水不微，为旱地农业闯出了一条新路。

在作物缺水的关键时期进行补充灌溉，用很少的水量，就可能发挥很大的作用。科技工作者的试验表明：玉米每 666.7 平方米补灌 50 立方

食物科技大革命

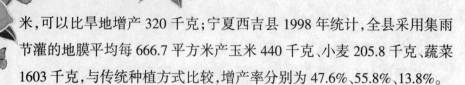

米,可以比旱地增产 320 千克;宁夏西吉县 1998 年统计,全县采用集雨节灌的地膜平均每 666.7 平方米产玉米 440 千克、小麦 205.8 千克、蔬菜 1603 千克,与传统种植方式比较,增产率分别为 47.6%、55.8%、13.8%。

目前在全球范围内,以缺水著称的以色列,节水农业的研究和开发居世界领先水平。以色列农业自然资源条件十分恶劣,人均水资源只有 370 立方米,每 666.7 平方米平均 252 立方米,三分之二的国土是沙漠。但其农业增长速度 20 世纪六七十年代即达 12%,80 年代为 7.5%。90 年代初期,人均国民生产总值超过 13000 美元,进入发达国家行列,这是由于全面实施"高投入、高技术的节水创汇农业战略"起了决定性的作用。

近 20 年来,我国对节水农业的研究与应用非常重视,投入的研究经费已达数千万元,投入的工程建设经费已达几百亿元。取得了一批具有较高水平的农业高效用水科研成果,如管道输配水、渠道防渗、薄膜覆盖、膜上灌、间歇灌、节水灌溉技术、旱地农业技术、种衣剂、抑蒸剂等。节水农业的发展推动了我国节水工程的建设,也为节水的产业化创造了有利条件。

食物科技大革命

探寻钢铁足迹

在千年的文明古国中国，流传着这样一首妇孺皆知的古诗："锄禾日当午,汗滴禾下土;谁知盘中餐,粒粒皆辛苦。"诗中所描绘的劳动场面是自原始社会以来人类耕种土地、获取粮食的真实写照。千百年来,人们热切地幻想着一种能避开风雨烈日，能又快又省力地收获更多果实的农业劳动,同许多美好的理想一样,人们为此付出了卓绝的努力和辛勤的汗水。在人类进入 21 世纪之际,我们回顾无垠的田野,为累累硕果而感谢一位巨人——科学技术。

20 世纪是科学技术飞速发展的伟大时代,科学技术犹如一位推动生产力战车前进的巨人,他在地球表面广阔的可耕地上,留下了历历在目的钢铁足迹,每一个足迹都是人类智慧的赞美诗。

从 11 吨减至 1.3 吨

盘古开天,人类赖以生存的所有粮食都是靠人的体力来生产的,过了好多世纪以后才以畜力为动力代替了部分人力。人与牲畜的耕种方式成为一种传统的农业劳动方式, 从这种方式过渡到现代化的动力耕作, 最初的进程是缓慢的,犹如一个初学走路的幼儿的步伐,蹒跚而稚气。

进入 19 世纪后期,由于钢犁、内燃机、农用拖拉机以及其他现代农

业机械的发明,这个进程大大加快了。20世纪的农业耕作方式的进展不仅超越了祖先们的梦想,也超越了以往人类的全部历史,20世纪是人类从土地上收获最辉煌的一个时代。

20世纪初叶,世界可耕地面积是9亿公顷,粮食总产为5亿吨,截至1996年,世界可耕地面积是13.4亿公顷,粮食总产为18.21亿吨,也就是说,可耕地面积增加了49%,而粮食产量却增长了264%。

与此同时,发达国家的农业人口却出现了锐减的趋势。以美国为例,美国是典型的人少地多国家,20世纪初农业劳动力为1355万人,按美国当时的可耕地计算,每个农业劳动力要耕种14.2公顷土地,这种状况迫使美国必须进行农业机械的开发和投入。1910~1940年,美国平均每年向农业提供130万吨钢材,其中75%用于农业机械制造,20世纪50年代美国基本上实现了农业机械化。

1945年到1964年间,美国农业劳动生产率增长速度大于工业3倍,比19世纪末的农业劳动生产率提高了10余倍;而在50年代后的40年间,美国的农业劳动力却由751万减至552万,比20世纪初减少了80%,平均每个劳动力负担的耕地面积由16.7公顷增至77.7公顷,每个农民可供养的人口由7人增至80人。由此可言,美国已经进入了以机械动力代替人畜力进行农业劳动的历史阶段。

在农业机械发展史中,拖拉机的发展对耕作和收获机械的发展起过重要的推动作用。

第一台内燃机拖拉机出现在19世纪末,它对蒸汽拖拉机来说,无疑是一个里程碑式的革命,但对它自身而言,却实在不能恭维。它是靠摩擦传动的,单位功率比重为330克每瓦,非常笨重,在性能和结构上也有许多缺陷。即使到1908年设计出了变速箱,使情况稍有改变,但拖拉机的自重仍达11吨。试想一下,如此庞大沉重的一个"铁牛"如何在

食物科技大革命

田里行走作业?作业后的田地又会是一副什么模样?农业机械学家开始绞尽脑汁为拖拉机"减肥"。

1913 年美国布尔公司首先制造出一台"公牛"牌轻便拖拉机,用链条传动,同时改进了内燃机发动机的材质,并将外传动钢摩擦齿轮改为封闭式油润滑齿轮,使拖拉机的整体体积减小,质量只有 1360 千克,比最初的内燃机拖拉机重量减轻了 9.3 吨。又因为它的功率完全可以满足当时的农业生产需要,所以,这种拖拉机如潮水般迅速推广起来。1915 年已有 2.5 万台拖拉机奔驰在美国的田野上,1920 年增加到 24.6 万台,到 1945 年已达 248 万台,同时还出口到欧洲各国。它不仅为轻便拖拉机的发展打下了基础,也为世界农业机械化发展立下了汗马功劳。

第二次世界大战后,为了便于在小块田、水田和复杂地形的农田里作业,一种体积更小、重量更轻、操作方便、成本低廉的手扶拖拉机开始在欧美的菜园及亚洲的水田中广泛使用。20 世纪 80 年代后,美国的农业机械科学家又相继研制出零部件减少 25%的全自动控制拖拉机和小四轮拖拉机系列,它可以在机身前、中、后部安装配套各种农机具,完成农艺和园艺性的各种作业。拖拉机的功率在不断加大,性能日益完善,而体积却越来越轻便。

明天的"铁牛"会不会变得更小巧玲珑呢?

农具的威力

直到 19 世纪,农业机具还是用畜力牵引、手工操作、人力起落的,即使在 20 世纪初,内燃机拖拉机发展的初期,也只是模仿耕畜进行牵引作业,它完全靠机械提升装置来控制所牵引的农机具,但当农具的功能和体积发展到一定程度时,靠这种机械传动已经很难操作重型农具

装置了。

20世纪30年代后期，美国万国公司和迪尔公司开始在自己的大中型拖拉机上装设液压传感的提升器调节系统，它以一种液体石油制品(通常被称为液压系统的"生命血液")为传递介质，将发动机的部分动力，转变为液压能来提升拖拉机后面的悬挂犁，并控制犁的耕作深度。后来随着拖拉机功率的增大，逐渐扩展其他功能，如液压转向、液压制动、离合器的操纵及农机具部件的驱动等。只需一只手搬动控制手柄，驾驶员便可随意操作拖拉机后面牵引的农机具，小到铧犁大到谷物联合收获机以及其他复杂的收获机械。液压传动不仅提高了拖拉机本身的性能，促进了农机具的发展，并且还广泛地使用在自走式(无牵引)的农业机械的驱动行走部件上，推动了农业机械化的整体发展。

拖拉机与农机具的和谐配合除依靠液压传动外，还要解决一个悬挂问题。最初拖拉机对悬挂的农机具进行挂接时，驾驶员需要将拖拉机对准农具后退，在别人的协助下，首先将一侧下位拉杆推入农具的悬挂销上，然后通过拖拉机的前进、后退以及液压悬挂机构的提升、下降来调整下位杆与农具的相对位置，再推入另一个下位杆入位，最后联结插销才能完成挂接。这个程序复杂繁重，就像用钢丝绳穿一个放大的针孔，对重型农机具的挂接则更加困难，甚至危险。

1935年，曾经做过汽车修理工的英国农机具设计家福格森，创造了使拖拉机和农具成为整体的三点悬挂装置，即以一根上拉杆、左右下拉杆、左右提升杆前后端的3个球铰链连接拖拉机体与农具，驾驶员不必离开座位，单人操作，只要调节杆的长度和位置就可实现拖拉机与农机具的挂接，并依靠液压调节来控制农机具在作业时的稳定，使阻力保持在一定的范围内。

这种装置得到了广泛应用，被称为福格森系统，一举突破了拖拉机

的悬挂难题，为农机具的应用打开了敞亮的大门。后来的农业机械学家正是在这个系统上发明了三点悬挂快速挂接器，只需几分钟便能完成拖拉机与任何庞大农机具的挂接，操作简便安全。不久前，德国道依茨公司又在此基础上生产出一步式快速挂接器，使拖拉机牵引和操作农机具变得更快更便捷。真乃动一指便撼千斤啊！

"脚"的进步

人行走靠双脚，拖拉机在田地里作业靠的是轮子，即行走装置。拖拉机的行走装置同汽车的行走装置一样，都是由马车轮子进化而来的。最初使用的是木质结构的轮子，后来改为带刺的铁制轮子。但是这种铁轮子的拖拉机在松软的土地上，特别是在泥泞或凸凹的田里作业时，常常发生行走不便、"双脚"不听使唤的状况。随着汽车工业的发展，1904年美国制造了装有单缸蒸汽机的履带式拖拉机。这种金属履带拖拉机的附着力很大(附着系数为 0.9~1.1)，滑转损失小(滑转率为 3%~7%)，牵引效率可达 70%~80%；平均接地压力低(35~50 千帕)，对土壤的压实作用小，通过性好，重心低，稳定性好，因而很适合于耕地、开荒，尤其适宜在低湿地和沼泽地上负荷作业及坡地作业。美中不足的是，履带拖拉机不能在公路上进行运输作业，不便长距离转移，且重量大、拆装不便，制造和使用成本也较高。

1924 年，万能轮式拖拉机制造成功，科学家们为拖拉机装上了低压充气轮胎的"脚"。"脚"上穿着印有高高凸起的"八"字或"人"字形花纹的橡胶，以提高它的附着力。它分为后轮驱动(即用前轮转向，后轮驱动)和四轮驱动(前后轮都驱动)，两种机型都可以根据农作物的不同行距要求调整拖拉机轮子的轮距，因此它除可以耕地、播种外，还能进行多种农田作业,如中耕、除草、喷药、收获,另外,还有园艺型和高地隙中耕型等不同功能的机型。

总之,这些轮式拖拉机能完成牲畜所做的一切农活。它的最大优点是可以像汽车一样在公路上奔跑、运输而不破坏路面;同时,橡胶轮胎比履带式行走装置冲击性小,行驶速度快,功率低,燃油消耗也低,并且振动和噪声系数都小于履带式拖拉机。一经问世,轮式拖拉机就赢得了耕作者的欢迎,越来越多的国家推广和发展这种拖拉机,至今都是世界上保有量最大的机型。

随着科学技术的发展,拖拉机行走装置的形状和形式不断地推陈出新,又出现了橡胶履带、三角形履带、子午线轮胎、桨式叶轮、超低压充气滚轮和弹性环形轮式履带等各种功能和用途的"脚",拖拉机在田野上的步伐迈得越来越矫健了。

像华尔兹舞一样优美

鲁思的圣经故事里曾提到如何用手动收获器来收获谷物,这种手动收获器的确在欧洲和美洲使用过。

公元1世纪70年代高卢人发明了世界上最早的收割机,它是一辆两轮大车,前面装着梳子般的梳刀,人在后面赶着牲畜推动它前进,而梳刀安装的高度刚好能够将麦穗从茎秆上扯下来。这种收割机在我们今天看来简直就像小孩拉着玩的玩具马车一样幼稚可笑,但它却是农民将梦想变为现实的第一步。

面对着一望无际的金黄色的谷物,人们又喜又愁,为了摆脱收获时艰辛的体力劳动,人类从未停止过对收获机械的改革和试制。20世纪初,美国制造出了一种木结构的联合收割机,自重15吨,由5人操作,40

食物科技大革命

匹马牵引,还要若干人给马喂水,看上去像是一支参加庆典的马队。这种马队当然不能被推广来收获庄稼。

内燃机拖拉机发明以后,科学家们很快就将它应用于联合收割机的牵引,使收割机从此摆脱了畜力,不仅促进了当时的农业发展,还解放了大量的农业劳动力。1930年美国出现了单人操作的拖拉机牵引式联合收割机,它灵活的性能和便宜的价格一下子就占领了市场。

1938年自走式联合收割机问世,它比牵引式的收割机更灵便,在田间转移、运输都能做到不损坏庄稼,而且还能急转弯和倒挡。20世纪60年代后,这种自走式联合收割机已成为世界上主要的收获机械。

然而,无论是牵引式收获机还是自走式收获机都面临着一个谷粒破碎率的问题。

谷物进入收获机后要经过脱粒、分离、清选三道工序,变成干净的颗粒果实被运走。20世纪70年代以前收获机的脱粒装置一直是切流式的,即谷物进入滚筒后沿滚筒的切线方向运动,然后通过逐蒿器进行分离,往往不易解决既要脱得净又不损伤谷物的矛盾。特别是难脱作物和大粒作物的破碎率更严重,比如大豆脱粒破碎率高达5%~15%。

为解决这一矛盾,第二次世界大战后德国和美国的农机专家就开始研制一种轴流式脱粒分离装置,到20世纪70年代初这一研究才有了较大突破。1975年,美国斯珀里新荷兰TR-70双轴流联合收割机、国际哈维斯特1400系列轴流式联合收割机相继问世,几年来的生产实践证明,这种新型分离装置的收割机使用效果很好。

谷物通过脱粒装置时,受轴流滚筒的作用沿轴向做旋转运动,像跳华尔兹舞一样在滚筒与凹板间螺旋而出,谷穗受高速回转滚筒的冲击而脱粒;并在离心力的作用下,迅速穿过茎秆层分离,谷壳和碎茎如舞裙般散开,落入清选筛上,排出机外。谷物在滚筒内脱粒充分,脱不净损

食物科技大革命

失可控制在1%以内,且由于打击作用柔和,使作物籽粒破碎减少,特别对玉米、大豆等大粒作物脱粒效果显著,大豆的脱粒破碎率在3%以下。同时,收割机的脱粒机体简化,体积减小了近1/2,因此受运输限制小,操作更加灵活,便于进一步向大机型发展和配套机型的使用。现在已有许多的国家在收割机上应用这种装置,仅我国年产量就达数万台。如果能解决功率大和潮湿长茎秆作物的脱粒,将会获得更大推广。

收割机问世

联合收割机的工作效率是非常显著的,烈日炎炎之下,收割者坐在高高的装有空调的驾驶室里,通过变速箱和脱粒装置离合器的手柄,就可以控制收割机的行走和作业。远眺金黄色的麦海,享受着丰收的喜悦,同19世纪的原始收获技术相比,劳动生产率提高了14倍,劳动几乎成了一种娱乐。

然而,在20世纪50年代以前,收获机械大都由欧美国家设计生产。欧美国家多以种植谷物为主,因此制造的联合收割机自然也是适合于麦田谷地作业的全喂入式收割机,而亚洲特别是东南亚,大部分是水稻生产国,稻穗比麦穗湿度大,脱粒难度也大,尤其易倒伏,使用全喂入式联合收割机收割水稻,谷粒损失率较高,破碎率也大,且稻秆因全部进入收割机被粉碎而无法再利用。这些缺陷对水稻种植者来说是一个莫大的遗憾,也给水稻生产国的科学家留下了发挥才智的空间。

60年代,日本正式生产并推广使用了履带自走式半喂入联合收割机,这种收割机在作业时能将倒伏的水稻扶起来,用输送链条整齐地夹持喂入收割机,但它并不是将割下的稻秆一口吃掉,而是只把穗头和稻秆的上半部喂入收割机的脱粒装置进行脱粒,并将脱粒和分离合二为

食物科技大革命

一，全部在主滚筒内完成，同时在排杂过程中再进行补充分离，最大限度地减少籽粒损失，稻秆的下半部则由输送链排出留在田间。因此，这种收割机能将谷粒损失率降低到0.5%左右，以每公顷产500千克的单季稻计算，半喂入式收割机比全喂入式收割机少损失稻谷105~120千克，加之半喂入式收割机减小了功率，耗油量小，本身重量也减轻了，作业时可以不破坏水田的地表，同时那些被完整地留下来的稻秆还可以收集起来作为副业加工利用，产生新的价值。它非常适合水稻产区使用。

可以说，半喂入式和全喂入式收割机在不同的地区，对不同的农作物使用效果各有千秋。因此，一口吃掉好还是半口吃掉好，完全可以根据餐桌上的东西做出选择。

现在，谷物联合收获机已发展到110千焦内燃机动力的自走式、割幅宽8米的大型农业机械，能高效率地收割小麦、水稻，不仅如此，科学家们还研制成能收获棉花、甜菜、花生、番茄、葡萄等多种果实的收获机械。随着科学技术的发展，农业机械化正向着电气化、自动化的更高阶段迈进。

人们距离实现自己美好理想的一天不远了。

食物科技大革命

杂交引发的革命

谁都知道,"优胜劣汰"是自然界生物圈中的一个必然规律。

千百年来,人类在与大自然的抗争中早已发现——杂交能产生优势。把杂交优势应用于农业生产,即通过人的控制,实现有计划、有目标的育种方向,是20世纪育种家们的理想,如今已变成了现实。

杂交玉米、杂交水稻、杂交小麦等高产优质农作物新品种的培育成功,如同作物在育种领域实施地造福人类的"优生优育",在全球范围内掀起了一场波澜壮阔的"绿色革命",使全世界农产品产量大幅度地增长。

神奇现象

自然界里的植物千姿百态,姹紫嫣红,存在一些发人深思的现象。比如有些植物的花朵,专门接受自花的花粉,另一些植物则拒绝接受自花的花粉,专门接受其他植株的花粉。这是生物在漫长的系统发育过程中,经受自然选择和人工选择的结果,它为各种植物能各自传宗接代,保持种性不被淘汰创造条件。如我们常见的玉米,雌雄花着生在植株不同部位,而雌花却愿意"捕捉"异株飘来的花粉。更有趣的要算荞麦、向日葵,它们的雌雄蕊包在同一朵花里,按理说很难避免自交了。但它们自有安排,前者表现为雌雄蕊长短不同,后者表现为雌雄蕊成熟期不同。这样,它们犹如雌雄异株一样,避免自花交配来繁衍后代。

植物为什么要避免自交?自然界的这个"秘密"直到达尔文才被揭开。达尔文曾做过这样一个实验:把长在同一植株上通过自花授粉和异花授粉所获得的种子分别播种在两个相距很远的苗床上,当两株植物长大的时候,异花授粉植株比自花授粉植株长得高大、健壮。达尔文明确地指出:植物避免自交,是因为异花授粉有益于后代的生长以及生活力、结实率的提高。

杂交产生优势是自然界生物普遍存在的现象。

植物用于繁衍后代的方法有两种:有性繁殖和无性繁殖。有性繁殖经过两性生殖细胞结合产生合子,由合子产生的后代具有两个亲本的遗传物质,表现出更强的生活力和变异性,即杂交优势。杂交优势就是两个遗传基础不同的植物进行杂交,其杂交后代所表现出的各种性状均优于杂交双亲,比如抗逆性强、早熟高产、品质优良等。在一定范围内,杂交双亲的血缘关系、生态类型、生理特性差异越大,杂交后代表现出的杂交优势越强。

人类的祖先很早就注意到了生物杂交会产生优势。如中国人远在两千年前,就利用母马配公驴产生的后代叫骡子,它们体躯健壮,生活力、耐役性和驮挽能力均显著优于双亲。再如远古的印第安人,知道把玉米和一种野草——大刍草种在一起,它们的远缘杂交显著提高了玉米的产量。但直至 19 世纪科学家揭示生物遗传奥秘之后,杂交优势的研究和应用才在农业生产上绽花结果。

杂交优势在杂种后代表现在三个方面:

一是杂种的躯体大小、生长速度和有机物质积累强度均超过它们的双亲。这类优势非常有利于农业生产,但对生物自身的适应性和进化来说并不一定都是有利的。如玉米在人类的选择下,完全丧失了对多种自然环境的应变能力。如果没有人的保护和帮助,这样一个苞叶严密覆

食物科技大革命

裹、籽粒密集的硕大果穗,在自然环境中很难自由地发芽生长,传宗接代。

二是杂种构成产量的诸因素发生变化。如谷类作物穗子大,结籽多,粒重高,最后使经济产量增加。棉花表现在植株矮健,分枝短,结铃多;油菜表现在含油量高、品质好等等。

三是表现为生物进化的优越性,如杂交种的生活力强,适应性广,有较强的抗逆力和竞争力。如高粱的抗旱性、棉花的耐盐性、玉米的抗病性等。

上述杂交优势的表现并不是绝对的,有时一个杂交种兼具两种或多种优良性状。但杂交优势都表现在杂种第一代,从第二代起杂交优势明显下降。因此,在农业生产上主要是利用杂种第一代的增产效果。

杂交的奥秘

杂交优势在自然界广泛存在,那么它产生的原因和实质是什么呢?早期的科学家认为,植物的自交导致了遗传因子的纯合,而杂交促进遗传因子的杂合,因而产生了杂交优势。

现代科学家从遗传学角度解释杂交优势产生的奥秘。

第一种叫显性假说。这个假说是1910年美国科学家布鲁斯最先提出的。他认为,对植物生长发育有利的基因大多是显性和半显性的,而不利的基因则往往是隐性的。生物的两亲在杂交过程中,遗传基因呈杂合态,有利显性基因覆盖了隐性基因,以及有利显性基因间的累加作用,从而使杂交后代表现出的各种性状均优于双亲。现代遗传学认为,野生型基因一般是显性的,显性基因多编码是具有生物学活性的蛋白质;突变型基因一般是隐性的,隐性基因多编码是失活或低活性的蛋

48

白质。因而杂合体的生活力高于纯合体。这个假说强调的是显性基因的作用。

第二种叫超显性假说。这个假说是由美国科学家伊斯特提出的。他认为，杂种的杂合性是产生杂交优势的原因，杂合体的优势比纯合体大。杂合位点上的两个基因，可以分别编码代谢功能和催化活性不同的多肽，并且彼此互补，从而使杂合体显示出表现型的优越性。这个假说强调的是基因间的相互作用。

第三种叫基因综合效应。就是说，生物杂交优势的遗传基础，在于基因的不同作用形式，它包括显性效应、累加效应、上位效应、互补效应和超显性效应。在某一杂交生物中可能是由某一种效应起主导作用，在另一种杂交生物中可能由另一种效应起主导作用。

杂交优势理论广泛地应用于农业，培育出品类繁多的高产优质的农作物和畜禽新品种，开创了农业生产的一个新的时代。利用的途径要在生产中应用杂交优势，必须解决杂种一代种子的生产问题，即制种问题。而制种的第一个关键是母本去雄问题。

玉米是雌雄同株异花，花器又大，母本去雄只要将雄穗拔掉即可。这种办法虽然费工，但毕竟还是比较容易做到的。烟草虽然是雌雄同花，花器也不大，但一朵烟草的花可结出数千粒种子。所以，像烟草这类繁殖数相当高的作物，亦可通过人工去雄的方法，获得大量的杂交种子。但是，像水稻、小麦、高粱等作物，雌雄蕊着生在一朵花里，花器又小，每一朵花只能结出一粒种子，如果也采用人工去雄方法进行杂交，希望获得大量的杂交种子实际上是难以实现的。

科学家通过长期研究和实践，创造了杂交优势利用的新方法。

一是雄性不育系及其利用。植物雄性不育系的特点是花器的雄蕊发育不正常，不能自交结实。而雌蕊发育正常，能接受外来的花粉结实。

食物科技大革命

并且,这种雄性不育的特性,能通过一定的方式遗传给下一代。雄性不育保持系,通常就是一个正常的品种,雌雄蕊都正常发育。将保持系的花粉授予不育系的柱头上,不育系结出的种子发育长成的植株,能够保持原来雄性不育的特性。所以,不育系只能通过保持系才能传宗接代,不育系的其他主要性状也由相应的保持系决定。保持系的选择对获得优良的不育系是很重要的。雄性不育恢复系的雌、雄蕊发育都正常,将恢复系的花粉授予不育系的柱头上,不育系结出的种子即为杂交种子。由这些种子所长成的植株,能够恢复正常生育性,使杂种结实正常。生产中要求恢复系必须具有较强的恢复力,即要求杂种一代的结实率要高(一般要超过80%),配合力要强,即与不育系杂交产生的杂种一代要有明显的杂种优势。

培育"三系",主要为利用不育系繁殖和配制大量的杂交种子供生产应用。在实践中要根据用种的需要,有计划按比例地繁殖不育系和进行杂交制种。"三系"培育和杂交种子的生产体系为:不育系繁殖田以不育性为母本,以相应的保持系作父本,父、母本按一定的行比相邻种植,使不育系接受保持系的花粉,生产不育系种子。繁殖出的不育系种子一小部分用于下一季继续繁殖不育系,大部分用于配制杂交种。制种田以不育系为母本,以恢复系作父本,父、母本也按一定的行比相邻种植,使不育系接受恢复系的花粉,不育系所结的种子即为杂交种子。科学家通过不懈的努力培育出了雄性不育系、雄性不育保持系和雄性不育恢复系(分别简称不育系、保持系和恢复系),并利用"三系"配套方法进行繁殖和制种。

二是利用化学杀雄技术。即应用化学药剂诱导作物雄性不育,也能省去人工去雄,用以生产杂交种子。利用化学杀雄配制杂交种子,只需知道某个杂交组合具有较强的杂种优势,将该组合的父、母本按一定行

食物科技大革命

比相邻种植。在一定的生育时期,对母本植株喷洒一定浓度和药量的化学药剂——化学杀雄剂,即能杀死雄配子而不损伤雌蕊的生活力。这样,母本的雌配子就可接受父本的花粉而受精,结出杂交种子。所以,应用化学杀雄技术来配制杂交种子,具有制种简单、方便的优点。

化学杀雄剂是指用来杀伤农作物雄配子或抑制雄性花器发育的化学药剂。科学家已研制出一些较好的化学杀雄剂。在小麦上应用的有乙烯利和均三嗪二酮,在棉花上应用的有 2,3—二氯异丁酸钠和氯丙酸,在水稻上应用的有甲基砷酸锌和甲基砷酸钠等,均有较好的杀雄效果。

三是自交不亲和系的应用。自交不亲和系,就是指同一个株系(包括品种)的花粉授在本系统的柱头上,往往不易受精结实,或者结实率很低;若采用其他品种或株系的花粉为其授粉,却能正常结实。具有这种特性的品种或系统,叫做"自交不亲和系"。自交不亲和系的植株,其雌蕊、雄蕊及花粉都是完全正常的,只是由于遗传和生理上的一些特殊原因,如自己柱头上分泌一种特殊的物质,阻碍自己的花粉发芽而引起的。

要选育一个优良的自交不亲和系,植株必须经过多代的自交、分离和选择。方法是把一些优良品种的单株,开花前选择 3~4 个侧枝,在隔离条件下,开花时进行花期测定,用当天同株开放的花朵人工授粉,并逐日记载授粉的总花数。采种时按人工授粉的侧枝,逐株计算种子数,从中选出一些自交结实率最低的植株,求出亲和指数。在花期自交测定的同时,为了保持这些植株的后代,应同时在同一植株的其他一些侧枝,在花蕾期进行授粉,以克服自交不亲和性。所得到的自交不亲和株系,须经过 3 代至 5 代才能稳定下来。

食物科技大革命

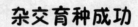

杂交育种成功

　　农作物提高产量和改善品质，都离不开自身遗传性的改良，各项农业技术也都要通过所种植的作物品种发挥作用。所以，选育和推广优良品种，是农业增产的极其重要的措施。20世纪30年代，由于杂交优势在农作物上利用，在世界农业生产上掀起一场波澜壮阔的"绿色革命"。

　　第一例是杂交玉米育成。玉米是全世界都有种植的重要谷类作物。美国科学家沙尔和伊斯特在研究这个问题的交叉点上相遇。1908年1月，两人在全国遗传育种学术会议上同时宣读了几乎是完全相同的杂交试验结果。他们把两个玉米品种种下去，经过几年的连续自交，获得了生长瘦弱、籽粒瘪小的自交系；再把两个来源不同的自交系彼此杂交，杂交种子种下去产生了极为强大的几乎是暴发式的生长优势，产量提高了30%以上。又经过10年的探索，一位青年科学家琼斯解决了杂交制种的难题：用4个玉米品种培育出自交系，用两对自交系杂交培育出单杂交种，再将两个单杂交种分别杂交配制成双杂交种。这样，不管是从母本植株或父本植株上都可以收获大量的种子，供大田播种之用，玉米杂交种得以迅速推广应用。到20世纪末，全世界种植的1.3亿公顷玉米中有五分之四采用杂交种，玉米单产超过7500千克每公顷，高产纪录超过15000千克每公顷。后人尊称伊斯特、沙尔和琼斯为"杂交玉米之父"。

　　第二例是杂交水稻的发明。水稻是自花授粉作物，花朵极小，开花时间又短，而且每朵花自交后只结出一粒种子，要想通过人工杂交获取大量种子比较困难。科学家认为，最有效的途径是采用"三系法"。20世纪60年代，中国科学家袁隆平及其助手，历尽艰辛，费尽时日，在海南

食物科技大革命

岛茫茫的野生稻中寻找到一株花粉败育植株,他们给它取名为"野败"。用野败作为母本,与许多稻种杂交并连续进行回交,获得了一系列不育系和相应的保持系,这样就完成了杂交水稻的"三系"配套,选育出杂交稻新品种。杂交稻的选育成功,突破了自花授粉作物利用杂交优势的难关。杂交稻 20 世纪 70 年代育成并应用于生产,90 年代中国杂交稻种植面积发展到 2000 万公顷,平均单产 7500 千克每公顷以上,最高单产达 15000 千克每公顷。杂交稻引种到亚洲、欧洲和美洲许多国家,袁隆平被世人誉为"杂交水稻之父"。

第三例是矮秆小麦的推广。小麦杂交矮化育种曾是世界各国科学家研究的重点,其中成绩突出、贡献卓著的,就要算美国科学家勃劳格了。勃劳格大学毕业后致力于小麦抗病育种研究:辛勤地花去了 20 年的时间,培育出许多小麦抗锈病品种,使墨西哥的小麦产量增加近 1 倍。后来,他又利用墨西哥抗病小麦和日本矮秆小麦杂交,培育出的小麦抗病虫,耐肥水,植株矮健,冠层密集,通风透光良好,特别表现出良好的抗倒伏性能,小麦产量提高 1.5 倍。矮秆小麦推广到亚洲、非洲、拉丁美洲许多国家。勃劳格被誉为"绿色革命之父"。

继玉米、水稻、小麦等主要谷物之后,科学家还成功地把杂交优势理论应用于棉花、油料、蔬菜、果树以及其他作物上;后来又采用了远缘杂交、单倍体、多倍体和辐射育种等育种新技术,培育出琳琅满目、品类繁多的高产优质新品种,大幅度地提高了农作物的产量。

食物科技大革命

袁隆平——一个伟大的名字

食物科技大革命

20世纪,一个中国人响亮的名字——袁隆平,连同他的杂交水稻科研成果一起,瞬间漂洋过海传遍了世界五大洲。人们为之振奋,人类终于攻克了"自花授粉"作物遗传育种的难题。

这是水稻科技发展史上一次新的飞跃,是继20世纪50年代末育成矮秆水稻良种之后的又一创举!国内外一致公认中国杂交水稻研究"居世界领先地位"。由此,杂交水稻研究的带头人袁隆平院士被誉为"杂交水稻之父"。国家授予他特等发明奖;联合国知识产权组织授予他"杰出科学家"金质奖章;联合国教科文组织授予他"科学奖"……联合国教科文组织总干事姆博,在巴黎授奖大会致词中,赞誉杂交水稻成果是继20世纪60年代初育成半矮秆水稻之后的"第二次绿色革命"!

杂种优势背后

杂交水稻的育成之所以如此震撼寰宇,是因为它和其他品种不同,它是利用了水稻的第一代杂种优势。所谓杂种优势,就是通过两种遗传基因不同的水稻品种或类型做父母本,进行有性杂交,所产生的第一代杂种用于生产。由于父母本遗传物质的差异,便构成了杂种内部的生物学矛盾,表现在杂种一代的生活力、生长势、适应性以及经济性状等方面,超过双亲的现象就越明显,有时还表现出双亲优势互补的现象。这

54

种"青出于蓝胜于蓝"的现象就是杂种优势。

1926年,美国人詹斯首先开始了水稻杂种优势的研究。随后印、日等国也有过研究。20世纪60年代在玉米、高粱杂种优势利用的影响下,意大利、苏联、朝鲜、菲律宾、利比里亚等十多个国家先后也开展了研究,但一直处于试验阶段。日本新城长友虽于1968年宣布"包台(BT)型"三系配套选育成功,并被几十个国家引去试验,但都没有用于生产。

期待突破

为什么前人研究了半个世纪,均未突破呢?因为水稻是雌雄蕊都长在一朵花内的"雌雄同花",而又靠自己花粉授粉的"自花授粉"作物。它既没有双亲间的遗传基础差异,又没有生态、地理差异,无法产生杂种优势。要利用水稻杂种优势,就要改变其自花授粉为异花授粉的习性。就要靠人工当水稻开花时把每朵花上的花药(即雄蕊)去掉做母本,再把父本花粉采来给母本授粉。而水稻花器小,开花时间短,要靠人工去雄产生杂种用于生产,是绝对不可能的。因此,有的专家认为水稻"此路不通"。有的说:"水稻是一朵花结一粒籽的单颖果作物,必然制种困难,难以用于生产。"所以,直至20世纪六七十年代,水稻杂种优势的利用研究尚处于探索和争论不休的阶段。

知难而进

以袁隆平为首的一批富有朝气的科技工作者,为了寻求大幅度提高水稻产量,知难而上,明知山有虎,偏向虎山行,决心在水稻杂种优势利用上闯出一条新路。

袁隆平根据多年的观察，发现自花授粉作物有杂种优势现象。借鉴玉米、高粱利用杂种优势的成功方法，首先提出了通过培育水稻"三系"来利用杂种优势的设想。

"三系"即雄性不育系、雄性不育保持系和雄性不育恢复系的简称。雄性不育系(简称不育系)，就是雄花不起作用，雌花能正常受精的"母稻"。有了它可不必靠人工去雄，是水稻世界里的"女儿国"。雄性不育保持系(简称保持系)，靠它与不育系授粉既能使不育系结籽繁衍后代，产生不育系种子，又能使不育性状代代相传。雄性不育恢复系(简称恢复系)，靠它与不育系授粉，不但可使不育系恢复雄性可育，同时还能产生很强的杂种优势，它就是杂交水稻的父本。

要利用水稻杂种优势，"三系"缺一不可，互不替代，自然界中也不存在，全靠育种家们去设计去创造。

奇异发现

1964年，时任湘西偏僻山区安江农业学校教师的袁隆平，对农业、农村、农民有着难以割舍的情分。他不甘寂寞，在教书育人之余，为了寻找水稻天然不育株培育不育系，他头顶烈日、脚踩污泥，手执放大镜，在茫茫稻海里一株株、一穗穗地观察，整整寻找了14天，终于发现了一棵不育株，开始了艰难的杂交水稻的研究历程。

经过深入地观察,他将水稻雄性不育划分为无花粉型、花粉败育型及花药退化型三种,在《科学通报》第4期上发表。这星点"科学的火花"却立即得到了国家科委九局的重视,责成湖南省科委关心和支持这项研究。1967年该校成立了"水稻雄性不育研究小组",配备了助手。湖南省科委从经费上给予了大力支持。

他们先后设计了多种方案,用了1000多个品种,做了3800多个组合,艰苦地探索着。六年过去了,进展却不大,眼前仍是一片茫然。一些权威人士的反对,什么"癞蛤蟆想吃天鹅肉"等冷嘲热讽,均不能动摇袁隆平继续探索的决心。

1970年,袁隆平从公驴配母马生下的骡子不能生育的现象得到启迪,便开始从野生稻中寻找突破口。秋天,他派助手李必湖不远千里去海南岛寻找野生稻。11月,新的转折出现了!李必湖等乘坐一辆牛车,来到荔枝沟,在南红农场技术员冯克珊的配合下,在一片沼泽地里终于发现了一株奇异的稻子。它茎秆匍状,花药瘪小,花粉不育。这正是他们梦寐以求向自然索取的雄花败育的普通野生稻(简称"野败")啊!他们如获至宝,脱下衣服包上稻株,捧回农场,专辟试验田,一边观察其开花习性,一边用栽培稻与之杂交转育。为了给"野败"授粉,他们连续四天蹲在田里等候着"野败"的63朵花开花给其授粉。由于野生稻易落粒,田间鼠害又重,当年只收到几粒珍贵的用"野败"转育出来的雄性不育种子,打开了突破口!

1971年春,这个重要发现及时得到国家农林部和中国农业科学院的重视。江西、黑龙江、山西、广西、四川等许多省、自治区的同行先后都到安江农校学习。袁隆平等毫无保留,及时把"野败"材料分送给他们,并向他们传授了技术。

1972年春,杂交水稻被正式列入全国农林重大攻关项目,主持单位

中国农业科学院和湖南农业科学院及时召开了协作会,19个省、市、自治区参加了大协作。一个以"野败"为主要材料的"三系"选育协作攻关在全国迅速展开。

"野败"不育株的发现,固然是一个重要转折,但要使野生稻的自然不育株变成稳定的不育系,还有一个艰苦的探索过程。为此,几十个科研单位,使用了上千个品种,在不同条件下,做了几万个杂交组合与"野败"进行回交转育。广大科技工作者在科学的崎岖道路上,攻关克险,奏响了一曲杂交水稻团结协作曲。

1972年秋,首先从江西、湖南传出捷报:江西萍乡市农科所颜龙安等科技工作者,育成了第一批水稻雄性不育系和保持系。

科学的探索,宛如在大海中行船。有时已经看到远方的灯塔,胜利在望;而转眼又阴霾重重,一片茫然。他们尽管育成了不育系和保持系,可就是找不到"恢复系"。这时,各种议论又纷纷向袁隆平等袭来,说什么"三系三系,三代人搞不成器!"就在这时,主持单位又召开了全国协作会、现场会等。总结经验,肯定成绩,加强组织,扩大和交流研究材料。大家选用了生态差异大的东南亚、非洲、美洲、欧洲以及长江流域等地数千个品种进行上万次的反复测交、筛选。功夫不负有心人,他们终于找到了100多个有恢复能力的品种。于是,又一个捷报传出了:张先程等广西、湖南的科技工作者,先后在东南亚品种中找到了一批优势强、花药发达、花粉量大、恢复率在90%以上的恢复系。

1974年秋,在广西南宁召开的第三次全国杂交水稻科研协作会上,宣告我国籼型杂交水稻三系配套成功! 这是志气与智慧的结晶! 是社会主义大协作的丰硕成果! 这首批育成的杂交水稻,在大田就显示了它的强大优势,其根系发达、分蘖力强、茎秆粗壮、穗大粒多、米质优良、适应性广、抗逆性强。只要用一般稻田十分之一的种子,即每0.06公顷用种

食物科技大革命

1~1.5千克,就能获得500千克以上产量,最高产量可达1000多千克。

打开成功之门

"三系"配套了,但绝不是万事大吉了。怎样解决"三系"种子的繁殖,仍是一个复杂的技术难题。

日本研究水稻杂种优势比我国早,至今未用于生产,除育性不稳、优势不强外,繁殖制种技术没有过关也是重要原因之一。可是,要解决它又谈何容易!两对父母本常常花期不遇,不便授粉;而且有的"母稻"还有"卡脖子"现象,抽穗不完全。开始每0.06公顷只能制出5千克种子,成本很高。

面对这个问题,科技工作者与工人相结合,千军万马下海南与当地农民一起,悉心观察父母本开花习性,寻找叶龄与花期的关系,推算播种期,采取父母本分期播种,调节花期,使其相遇授粉;还用喷激素、剪枝叶、拉绳子等辅助办法提高授粉率。广泛地进行边试验、边繁殖、边推广,几年间,便总结出了一套完整的、行之有效的繁殖制种技术。制种产量由0.06公顷10~15千克跃到100~150千克,大大降低了成本,为大面积推广提供了物质基础。

过了制种关,又如何使杂种在生产上发挥最好的优势?良种还要有良法。各地的科技工作者又根据杂交稻的生物学特征和生长发育规律,探索配套的栽培方法,使之产生最大的增产效益。他们在不同地区、不同土壤、不同耕作制度和不同生态气候类型地区,展开了规模巨大的栽培试验。从组合选配、培育壮秧、适时播种、安全齐穗等摸索出了适合各地条件的高产配套栽培技术体系,为夺取大面积高产提供了技术保证。同时,对"三系"遗传特征、不育机理、优势预测等理论,进行了深入的

食物科技大革命

研究。

　　自然王国，奥妙无穷；科学技术，威力无比。以袁隆平为首的科技工作者，之所以能如此迅速地掌握科学的"金钥匙"，打开了这个"绿色王国"的大门，最宝贵的经验是有一支不畏艰难、勇于攀登的坚强的科技队伍，他们百折不挠，勇往直前，发挥了社会主义大协作的巨大威力，及时交流经验、交换材料、制订计划、寻找突破口，前后召开了10多次全国协作攻关会、现场会等等。几股力量拧在一起，犹如大海行船后浪推前浪，朝着既定目标奋勇前进，谱写了一曲震撼世界的胜利凯歌！

走向世界

　　中国是世界上最大的产稻国。水稻是我国最重要的粮食作物。我国水稻种植面积占粮食播种面积约三分之一，稻谷产量占粮食总产的40%以上。

　　新中国成立以来，我国育成水稻良种700多个，而没有哪个良种像杂交水稻增幅那么大、推广那么快、发展势头那么强劲、那么长盛不衰1973年"三系"配套，1975年多点试验成功，1976年就发展到13.86万公顷。1990年以来，每年种植面积均在1530万公顷以上，占了水稻种植面积的半壁江山，产量占稻谷总产的60%。全国平均每0.06公顷产稻谷440多千克，比常规矮秆良种增产二到三成。年增产粮食200亿千克，相当于我国中等省份年粮食的总产量。

　　从1975~1998年间累计增产粮食3.5亿吨，相当于每年解决了35007万人的吃饭问题。一家无形资产评估机构，按照袁隆平培育的杂交水稻增产值计算，评估他个人品牌的价值为1000亿元。

　　"杂交水稻不仅属于中国，也属于世界"，袁隆平始终以这个观点关

食物科技大革命

注着世界粮食问题。

从 1981~1998 年国家杂交水稻工程研究中心,共举办了 12 期国际杂交稻培训班,培训了印度、越南、墨西哥、菲律宾等 20 多个国家 200 余名科技人员。联合国粮农组织也把在全球推广杂交稻作为一项战略计划,聘请袁隆平担任首席顾问。袁隆平多次赴印度、越南、缅甸等国指导杂交稻育种及制种技术。同时,应许多国家要求,每年派数批专家去越南、孟加拉国、美国等国指导。在袁隆平大力帮助下,1998 年,越南推广杂交稻 20 万公顷,印度 10 万公顷。单产比当地良种增产 20%~30%。杂交稻先后被引到日本、缅甸、柬埔寨、阿根廷、埃及、西班牙等 20 多个国家。1980 年,杂交水稻作为我国第一个农业技术转让给美国。在美国试种三年,比当地良种增产 37%,在阿根廷增产 76.5%,在日本、巴西增产 22%以上,被世界公认为增产最显著的水稻品种。在解决世界饥饿问题上已显示出强大的生命力。

美国著名的农经学家唐·帕尔伯格评价说:随着农业科学的发展,饥饿的威胁在退却。袁隆平正引导我们走向一个营养充足的世界。

未来路长

绿色世界永不衰竭的秘密深藏在种子之中。尽管袁隆平院士为我国及世界粮食的发展做出了巨大贡献,为国家争得了崇高荣誉。然而,他们从未满足,永不停歇,把成功当作起点,把荣誉当作动力,在"绿色王国"中继续攀登!

袁隆平博采众长,他受光周期反应敏感的粳型核不育材料研究等的启示,从更高层次上去安排杂交水稻的研究。1986 年他提出了杂交水稻育种"三部曲"的新策略,即简化育种程序,由"三系法"到"二系法"进

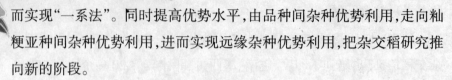

而实现"一系法"。同时提高优势水平,由品种间杂种优势利用,走向籼粳亚种间杂种优势利用,进而实现远缘杂种优势利用,把杂交稻研究推向新的阶段。

在这个策略思想指导下,他利用光、温敏核不育系具有在低温或短日照条件下表现可育,在高温或长日照条件下表现不育的两重性,起到一系两用,既当不育系又当保持系,减少制种环节的特点,1995年他成功地培育出一批不育系和两系杂交稻。初步实现了早、中、迟熟和籼粳组合的全面配套。两系杂交稻制种难关也已突破。现在全国已累计种植两系杂交稻120万公顷,比1996年扩大了近4倍。每公顷大面积单产7500千克,比同熟期三系组合增产10%以上。米质也有了较大的提高。

虽然两系杂交稻已用于生产,但这个增产幅度并非他的初衷。袁隆平要实现的第二步目标是籼粳亚种间杂种优势的利用,每公顷日产稻谷90~100千克的水平。这确非易事。实现这一目标,既要有能产生这种优势潜能的杂种,还要有能承载这种大量光合产物的理想株型和群体结构才能实现。这是多少育种家冥思苦想梦寐以求的啊!它就是近期国内外热炒的超级稻。

超级稻是个世界级的课题,也是近10多年来国内外水稻研究上的重点、难点和热点。日本率先在1980年就制定了水稻超高产育种计划,目标在15年内育成比原有品种增产50%的品种。这个计划至今尚未实现。1989年,国际水稻研究所也提出培育超级稻,目标到2000年育成单产比现有纯系品种高20%~25%。但因籽粒不饱满,单位面积内有效穗不够,已宣布推迟五年完成。

东方从不言败。1996年我国农业部也设立了中国超级稻攻关项目,计划在2000年育成在较大面积上每公顷达到9000~10500千克产量的超级稻。为了实现这个超高产的育种目标,我国水稻育种家们纷纷提方

案、献策略,各显其能。有的走常规育种之路,有的走杂种优势利用之途;在形态模式和稻田群体结构上,辽宁杨守仁教授提出了"直立穗型"模式;周开达教授提出了"重穗型"模式;广东黄耀祥院士提出了"丛生快长"模式。袁隆平院士经长期实践,坚定地要走籼粳亚种间杂交优势利用的路子。并于1997年提出了长、直、窄、凹、厚、低重心的,旨在增加有效光合面积的超高产杂交稻形态模式。

这个旨在有效增加光合作用面积的杂交水稻超高产形态模式,有利于协调穗大与穗多、穗大与粒重以及高产与抗倒的矛盾。经实践检验是正确可靠的。培育超级杂交稻的技术路线也是切实可行的。

1998年,袁隆平正式向朱镕基总理报告,他要向新的目标、新的高峰冲刺——选育超级杂交稻,请求支持! 他计划用3~5年时间育成每公顷日产中、晚稻100千克或早稻90千克,米质达部颁二级,抗两种以上主要病虫害的超级杂交稻。

朱总理获悉后非常高兴,立即从总理基金中拨款1000万元予以支持,并转告袁隆平:国务院将全力支持他的研究。

项目由国家杂交水稻工程研究中心与江苏农业科学院合作,袁隆平院士主持。朱总理的支持,使他们更加信心百倍。

2000年,金秋季节,特大喜讯传来了,我国超级杂交稻选育成功!

新世纪的钟声刚刚敲响,中国科学院、中国工程院两院485名院士评选2000年十大成就的结果公布了! 袁隆平主持的、由江苏农业科学院和国家杂交水稻工程研究中心合作选育的、超级杂交稻先锋组合"两优培九",获大面积推广。经专家验收,江苏、湖南共有14个百亩片和3个千亩片实收稻谷亩产超过700千克。被列为2000年十大科技成就的榜首。

几年前,国外曾有人公开撰文说,到21世纪30年代,中国人口将达

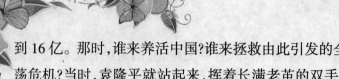

到 16 亿。那时，谁来养活中国?谁来拯救由此引发的全球粮食短缺和动荡危机?当时，袁隆平就站起来，挥着长满老茧的双手向世界宣告：中国完全能解决自己的吃饭问题，中国还能帮助世界人民解决吃饭问题。

在湖南杂交稻研究中心的大厅里，袁隆平院士亲笔写下："发展杂交稻，造福世界人民! "

他正一步一个脚印地去实现着自己的诺言!

食物科技大革命

水稻之父的贡献

在临近耶路撒冷的一个名叫瑞奥特的小镇上，来以色列领取沃夫基金奖的我国著名科学家袁隆平院士，与以色列 Fertiseeds 生物技术公司负责人等签署了一项合作研究杂交水稻技术，用生物技术方法改进杂交水稻育种的技术协议。

袁隆平告诉记者，杂交水稻的育种问题，以及制约杂交粳稻推广(我国目前杂交粳稻种植面积仅占 2%)的杂交优势不明显等问题，都需要寻求更好的方法加以解决。Fertiseeds 生物技术公司用生物技术的方法，培育出植物的雄性不育系。这将为我们攻克杂交水稻研究中最大的技术难题——如何培育优良的雄性不育系水稻，提供新的可行方法。

Fertiseeds 生物技术公司拥有多名一流的生物技术研究人员，原国际水稻研究所首席科学家库希博士是该公司的顾问。该公司用生物技术方法培育雄性不育系的试验，已经在一种名为拟兰芥的模式植物上取得了成功。公司负责人耶苏迪博士说："能够与世界杂交水稻之父袁隆平教授合作感到十分荣幸。"

据袁隆平院士估计，用生物技术方法培育杂交水稻雄性不育系，将会在未来 4~5 年内见到成效。

食物科技大革命

二次发酵饲料新技术

食物科技大革命

不使用抗生素也能防治家禽常见病的饲料生产新技术——禽类微生物二次发酵饲料新技术,2003 年 10 月在上海研制成功。

使用这一技术生产饲料所用的原料来源于自然界的有益菌种和豆类、玉米、鱼粉等。生产流程大致为,以农业部规定的 6 种菌和美国饲料协会公布的 63 种菌为依据,从中选取酵母菌、枯草杆菌、放线菌、芽孢杆菌等多菌种混合,然后应用生物技术进行修饰和驯化,将培养好的菌种应用生物工程发酵技术,在严格的有氧或乏氧状态下制成发酵饲料的菌液,尔后再对饲料进行发酵,就能获得具有抗病、促进生长、改善家禽肉质的微生物二次发酵饲料。

这种饲料因应用细菌原理来提高家禽的免疫系统,因此不使用抗生素,也可防治家禽常见病。饲料中还因整合了丰富的人体代谢必需的调节因子和降糖因子,使得饲养的家禽含有丰富的蛋白质、脂肪,维生素 B、E 和钙、磷、铁等物质。

上海一家养殖场试用这种饲料已一年,出生 28 天内的小鸡吃了这种饲料后,抗病能力明显增强,到第 42 天进行检查,基本不患肠炎、气管炎和流感等疾病,而且在不使用激素类饲料的情况下,鸡的生长速度快,肉质鲜嫩,香味浓厚。试用还证明,这种饲料还能喂养家畜和鱼、虾。

由上海航头品尚水产养殖场研制的这项新技术,目前已申请专利并通过国家知识产权局审查。

超级水稻

　　"杂交水稻之父"袁隆平院士在深圳表示，超级杂交稻亩产900千克的第三期超级水稻的研究工作将放在深圳进行，并且已经锁定深圳作为下一阶段研究的"独家"区域。有的人担心粮食高产会造成谷贱伤农的情况，袁隆平表示，提高单位面积产量就可以腾出空间搞其他效益高的作物，比如养鱼、种花、种草。一句话，如果不提高单产保总产，结构调整是一句空话，就会拆东墙补西墙，最后还是富不了农民。

　　袁隆平表示，中国超级杂交稻育种技术今年已经取得重大突破，大面积每公顷超产12000千克的二期目标将在今年全面实现。目前正在着手实施第三阶段超级杂交稻育种目标，即到2010年，超级杂交稻大面积产量达到13500千克每公顷。袁隆平日前与清华大学深圳研究生院合作成立了"国家杂交水稻工程技术研究中心清华分中心"，就是想利用清华大学在分子生物学研究方面的优势，把传统的杂交水稻技术与分子生物技术有机地结合起来，加快新一代的高产优质的超级杂交水稻的培育，促进杂交水稻技术的研究朝纵深方向发展，同时，也将把杂交水稻技术与先进加工技术、生态工程技术紧密结合起来，着重开展第三期超级杂交稻培育、杂交水稻品质改良、远缘有利基因的发掘与利用、杂种优势与雄性不育等四大关键问题的研究。

　　关于为什么要选择在深圳发展第三期杂交水稻，袁隆平表示，水稻有着很强的地域性，北方的品种耐寒不耐热，不适合在南方种植。而南方的品种耐热不耐寒,同样不适合在北方种植。超级杂交水稻要在中国实现进一步的推广,必须培育适合不同地域的品种。在深圳设点,就是要考虑培养适合南方种植的品种,同时以深圳为基地,向广东、广西、海南等地进行大面积推广。

食物科技大革命

什么是星火计划

1986 年开始实施的星火计划,是经党中央、国务院批准的第一个依靠科学技术促进农村经济发展的计划,也是我国国民经济和科技发展计划的重要组成部分。

计划的宗旨

把先进适用的技术引向农村,引导亿万农民依靠科技发展农村经济,促进农村的科技进步,提高农村劳动生产率,推动农业和农村经济持续、快速、健康发展。

主要任务

认真贯彻党中央、国务院关于大力加强农业、促进乡镇企业健康发展的方针,引导农村产业结构调整,增加有效供给,推动科教兴农。加快农村经济增长方式由粗放型向集约型转变。依靠科技进步提高劳动生产率和经济效益,引导农民改变传统的生产生活方式。建设一批以科技为先导的星火技术密集区和区域性支柱产业,推动乡镇企业重点行业的科技进步,推动中西部地区经济发展,培养农村适用技术人才和管理人才,提高农村劳动者整体素质。

食物科技大革命

农业科技发展的四个层次

食物科技大革命

为大力推进新的农业科技革命，促进农业结构调整、提高农业效益，增加农民收入，改善农村生态环境，加速农业由主要追求数量向注重质量效益的根本转变，我国将在四个层次推进农业科技的发展。

一是以市场为先导，以经济效益为中心，大力发展科技型企业，实现农业产业化经营，为农民增收提供有效服务。

二是面向农业和农村经济发展的需要，集中解决农业数量和质量效益方面的重大关键技术，为传统农业技术改造提供技术支撑。

三是瞄准世界高科技的发展趋势，突出国家目标，大力发展以生物技术、信息技术为重点的农业高科技，带动农业产业优化升级，提高国际竞争力。

四是选择优势学科和前沿领域，有重点地开展原始性、基础性研究，进一步增加农业科技的创新能力，为农业和科技发展提供理论储备。

化肥的鉴别

包装鉴别。①检查标志：化肥包装袋上必须注明产品名称、养分含量、等级、净重、标准代号、厂名、厂址、生产许可证号码等标志。如无上述标志或不完整，可能是假化肥或劣质化肥。②检查包装封口：袋装化肥有明显拆封痕迹的，有可能掺假。

气味鉴别。有强烈刺鼻氨味的液体是氨水，有明显刺鼻氨味的细粒是碳酸氢铵，有酸味的细粉是过磷酸钙，有电石腥臭味的是石灰氮。若过磷酸钙呈刺鼻的怪酸味，则表明生产过程中很可能使用了废硫酸，极易烧伤或烧死作物。

水溶鉴别。取需检验的化肥 1 克左右，放于干净的玻璃管或玻璃杯、白瓷碗中，加入 10 毫升左右蒸馏水或干净凉开水，充分搅拌。全部溶解的是氮肥或钾肥；溶于水有残渣的是过磷酸钙，溶于水但有较重氨味的是碳酸氢铵；不溶于水，但产生气泡和电石气味的是石灰氮。

熔融鉴别。将一块无锈铁片烧红后，取一小勺化肥放在铁片上观察熔融情况。冒烟后成液体的是尿素，冒紫红色火焰的是硫酸铵；熔融成液体或半液体的为硝酸铵，冒烟后又发出点火星的为硝酸铵；不熔融只气化不冒烟的为碳酸氢铵；不熔融仍为固体的是磷肥、钾肥、石灰氮。

基因设计育种

中国工程院院士、杂交水稻之父袁隆平说，超级稻适宜在我国长江流域和华南地区种植，在 2005 年获得大面积推广。

袁院士在海南省南繁基地上进行的"超级杂交稻"研究项目即将进入新的阶段。由袁隆平牵头，海南省农科院、农业厅、科技厅、三亚市等单位将共同组织实施超级水稻新品种 6.67 公顷连片试种示范试验，力争实现这个品种 6.67 公顷平均单产 12000 千克每公顷。

"超级杂交稻"的目标单产是 12000 千克每公顷，袁隆平希望这项研究能在 2005 年前获得成功。这个叫做"P88S/0293"的超级稻新品种在三亚小面积种植成功，实现单产 12345 千克每公顷的海南水稻单产历史最高纪录。在三亚地区的 6.67 公顷试验能够取得成功，就意味着袁隆平院士主持的超级杂交稻育种项目已经接近实现中国超级杂交稻研究的第二期目标，即 6.67 公顷示范片平均单产达 12000 千克每公顷。

袁隆平说，根据试验田的推算，第二期超级稻推广种植的单产应该不低于 12000 千克每公顷。袁隆平表示，第二期超级稻研制成功后，他将和其他科研人员着手第三期超级稻的研制，此阶段研究难度将高出前两期。目标单产 13500 千克每公顷，他希望能抢在 2008 年，即在他 80 岁的时候取得成功。

20 世纪 50 年代末至 60 年代初，水稻品种矮秆化和 70 年代籼型杂交稻的"三系"配套是现代水稻育种史上的两个重要里程碑。从遗传学

的角度说,水稻育种史上的这两个突破,可简单归结为矮秆基因和"野败"胞质的利用。面对当今新的形势,水稻育种第三次突破口在哪里呢?2004年10月18日,我国一批年轻的水稻遗传育种科技人员群英汇集中国水稻研究所,参加水稻生物学国家重点实验室组织的"利用生物技术开发水稻育种新材料"国际水稻育种峰会。在这次水稻育种高峰会上,"基因设计育种"将成为第三次水稻育种的突破口这一新的观点的提出,引起与会国内外水稻育种专家的关注。

"基因设计育种"就是在水稻全基因组测序完成后,在主要农艺性状基因功能明确的基础上,通过有利基因的剪切、聚合,培育在产量、米质、抗性等多方面突破的超级稻新品种。中国水稻研究所所长程式华博士说,目前水稻品种的遗传基础单一,迫切需要加大投入研发。新的突破,一定要与基因技术相结合。我国第一、二次水稻育种上的突破带有一定的偶然性,而第三次突破就要主动进行基因设计育种。但基因在哪里,因此"基因设计育种"就显得很重要。

据了解,目前,中国水稻研究所正参与国家功能基因组计划的研究,主要承担水稻突变体的创制,主要农艺性状基因的功能分析。第一步,主要通过分子标记技术或转基因技术,聚合或转移有利性状,培育超级稻新品种,主要在产量或抗性或米质上突破。

水稻生物学国家重点实验室钱前博士说,当前水稻生产需要在种子创新上突破。目前水稻第三次突破的技术日趋成熟,我国水稻全基因组测序已完成,目前正投入功能基因组研究。

食物科技大革命

生物技术与农业

美国日前公布的一项调查显示，美国农民越来越爱用农业生物技术。与此同时，农业生物技术在经济和环境方面所带来的好处也越来越多。

从事这项调查的是明尼苏达州立大学国际粮食与农业政策中心。该中心对生物技术在八类农作物中的使用情况进行了调查。这八类农作物包括玉米、大豆、棉花、油菜、小麦、土豆、稻米和甜菜。调查总体情况显示，前四类农作物的生物技术品种在美国已经商品化；而小麦、土豆、稻米和甜菜的生物技术品种仍在试种阶段。

调查显示，生物技术能使农作物增产，带来可观的经济效益，这是农民爱用生物技术的主要动力。而增产、抗病、抗灾和提高营养价值的农作物是农民所看中的品种。

数字农业

目前,数字化农业的思想已经为我国科技界和社会广为接受,被一致认为是代表着未来农业的发展方向。但是,由于数字化农业必须以高科技装备和大型农业机械为依托,投入成本高,人们普遍对其推广前景不抱乐观态度。对此,黑龙江八一农垦大学教授、国家"863 计划"数字农业技术应用示范课题组负责人王智敏说,我国的数字化农业的推广之路,关键在于实现国产化,降低投入成本。

我国是一个农业国家,政府对农业数字化的研究和推广工作十分重视。经农业部批准并直接投资 550 万元,黑龙江八一农垦大学精准农业研究中心于 2002 年开始,在黑龙江垦区友谊农场五分场二队进行精准农业试验示范,取得阶段性成果,农业综合效益提高 10% 左右,农业数字化的研究和推广工作取得了良好的开端。

但据了解,项目实施过程中,进口成套机械设备耗资近 500 万元,占该项目资金的 90% 以上。因此,设备投入过大,是制约数字化农业推广应用的重要因素,尽快实现国产化是必由之路。

经过了近 10 多年的努力,我国在与数字农业相关的关键技术研究开发方面已经取得了一定成果。我国实施精准农业技术应采取引进示范、消化吸收、创新国产化的技术路线,应因地制宜分期、分批地推进,逐步提供生产服务。同时,从国际上成熟的变量施肥控制技术入手,自行研制配套的变量技术与装置和机具,使科研成果尽快转化为现实生产力，投入农业生产过程中。

　　加速技术与装备国产化，一是要加强区域型精准农业技术国产化研究。二是要加速农业技术装备制造业如机械、电子、液压等行业的技术进步和革新，尽快生产出高质量、适用的国产精准农业技术设备，以满足不同农业区域的农业生产技术要求。三是要尽快使我国北斗定位系统投入民用，逐步消除对国外全球卫星定位系统技术和设备的依赖。

食物科技大革命

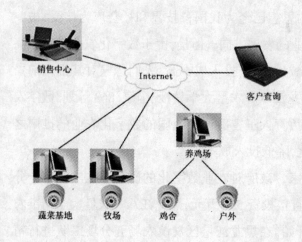

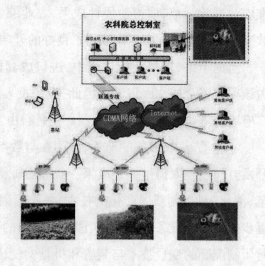

什么是农业 GIS 应用系统

上海已正式决定从 2004 年开始建设农业 GIS(地理信息)应用系统。这表明上海"数字农业"建设进程在加快,政府的农业管理和决策也将走上发达的数字化轨道。

上海农业 GIS 系统主要由农业现状数据和 11 个主要应用系统组成。根据规划,基础数据将包括上海郊区基础电子地图,反映交通、水系、边界等的信息以及林业、畜牧、水产等的专业性地理数据。主要应用系统包括林业、蔬菜生产、水产等的动态管理系统。

2004 年,上海启动建设这一应用系统的一期工程,初步建成郊区林业分布现状和林业规划实施、畜牧生产分布现状和分区布局、市级农业园区建设和食用农产品生产基地土壤质量 4 个动态管理监测系统。上海市农委将联合上海市农林局、畜牧办、蔬菜办、气象局等市级部门及区县农业部门共同建设、维护并共享这一应用系统。

GIS 系统在发达国家已被广泛使用。这一系统通过对地理数据的集成、检索、分析和输出,为政府在土地利用、资源评价管理、城市规划及行政管理等方面的决策提供服务。

食物科技大革命

印水型不育胞质水稻

我国科学家发掘出"印水型水稻不育胞质",从而使杂交水稻不育系的高产制种和提高米质再上一个新台阶。科学家说,用新不育胞质的方法,从栽培稻中发掘出的"不育胞质"的效率高,获得"不育胞质"多,远居于国内外同类研究之先。

1973年,我国实现了籼型杂交水稻的"三系"配套。1974年,中国水稻所从野败不育系"二九南一号A"发现"野败"型不育系的育性稳定,杂种优势明显,但也存在异交率低,米质差,制种、繁种产量低等明显缺点。为此,科技人员试图从栽培稻中发掘新的不育胞质。

不育系是杂交水稻的核心,寻找非野生稻不育胞质,尤其是从栽培稻中寻找不育胞质培育的不育系,有可能在不育系的可恢复性、配合力、米质、开花习性等方面得到提高,也能让杂交水稻"野败"单一胞质的遗传脆弱性得到改变。

中国水稻所经30年攻关研究,创造出一种从"野败"型恢复品种筛选不育细胞质的方法,发掘出来源于"印尼水田谷6号"的"印水型不育细胞质"。研究发现,决定不育系高异交率的主因,一是当日开花的集中度和开花高峰出现的早迟;二是开花率、柱头伸出的角度和方向;三是柱头的活力以一般水稻的中等大小柱头活力最强。这为全国同类不育系选育提供了很好的借鉴。

目前,印水型不育系已成为我国广泛应用的一大类不育系,到 2003 年,全国已有 114 个印水型杂交水稻组合,170 次通过国家、省级审定。印水型杂交水稻已累计推广种植面积 2120.8 万公顷,年应用面积达 300 万公顷以上,占全国杂交水稻种植面积的 20%。

什么是有机农业

面对现代农业面临的严峻挑战，一批批有识之士开始了探求农业发展的新思路，于是各种替代石油农业的理想模式相继而生。人与自然的协调，农业生态环境得以保持，农业回归自然的形态开始了。有机农业就是这种理想模式中的一朵奇葩。

传统农业是典型的有机农业，中国的传统农业是传统有机农业的典范。因此，国外研究替代农业的学者，首先把目光转向中国传统有机农业的成就，用现代化的研究手段，从中探索出现代有机农业的路子。

1911年，美国的富兰克林·金出版了《4000年的农夫》一书，书中介绍了东方国家的农民施用人粪尿、秸秆、河泥等有机肥料，耕种土地几千年，土地肥力从未枯竭。这给开始使用化肥的西方农业敲了警钟。

20世纪30年代末，瑞士科学家缪勒发明了"滴滴涕"，拉开了人工合成和使用农药的序幕。英国真菌学家霍华德出版的《农业圣约》一书，极力主张使用堆肥，而不赞成用农药和化肥。美国学者罗代尔，则购置了30公顷的农场，开始了现代有机农业的实验研究，并在美国宾夕法尼亚州创建了著名的罗代尔研究中心。20世纪70年代以来，由于污染加重和石油危机，美、澳、英、法、德、荷、日等国家开始重视有机农业，有机农业的技术措施被越来越多的农户所采用。

1978年，美国农业部长伯格兰回乡度假，亲眼看到他的一位老朋友正在进行有机农业的试验。这位农场主无论耕地还是种植农作物和饲

养牲畜,都不使用任何人工化学制品。经过 6 年试验,农场在盈利、作物产量以及畜群健康等方面,都获得了良好的收效。于是,伯格兰总长决定对有机农业进行调查研究。

1980 年,美国农业部组织了有机农业考察组,考察了美国几乎所有的州,还派小组去欧洲和日本考察,最后写出调查报告和建议。他们认为:从当前看,不同程度地向有机农业转移,可减少石油农业的不良影响。从长远看,实行有机农业,可以保证一个更为稳定、有支持能力、有可观盈利的农业制度。1982 年,美国众议院的部分议员提出"1982 年有机农业法案",力图从法律上巩固开展有机农业的研究和推广工作。

现代有机农业早期倡导者,主张完全不用或基本不用人工合成的化肥、农药、生长调节剂和饲料添加剂,而是通过充分依靠作物轮作,依靠秸秆、厩肥、豆科作物、绿肥和其他有机废物,通过机械耕作、矿石及生物防治方法,来保持土壤肥力和可耕性,以供应植物养分、防治杂草和病虫害。因此,有机农业既有利于保护生态环境,又不是向传统农业简单回归。它除不使用化学制品外,主张尽量采用现代科学技术。但目前不使用化肥和农药,较难实现大面积高产和有效控制严重的病虫害。所以,美国实行有机农业的农户只有 1%,且大多数是中小农场。

现代有机农业仍处在探索发展阶段。1972 年在瑞士成立了国际有机农业运动联盟,当时只有 5 个团体组成,现在许多国家的众多团体都加入了这个联盟。在国际有机农业运动中,一个个新型的替代农业模式脱颖而出,在研究、完善和推广过程中,已显示出各自的光彩。

什么是生物农业

西欧国家在研究中发现,有机农业不使用化肥和农药,减少了矿物能耗,降低了生产成本,提高了农畜产品质量,并有利于土壤有机质的增加。但是,发展有机农业要求大面积种植牧草和绿肥,影响了农作物的种植面积。由于农畜产品被消费在农业系统之外,如不补充相应的物质养分,难以维持长期高产。此外,他们认为有机农业的含义不够清楚,于是,提出了"生物农业"这一概念。

生物农业把农业看作一个系统整体,并为之提供一个平衡的环境。通过提高自然过程和循环,来维持土壤肥力和控制病虫害。通过适度投入能源和资源,维持最佳的生产力。

生物农业的主要措施包括:土壤上覆盖植物和有机废物,尽量减少扰动,以防土肥流失;乔木、灌木、草、作物与土壤中的生物组成多种生态结构,积累土壤有机质;农场中的厩肥和一切废弃物全部返回土壤,尽力促成城市有机废物返回农田,使物质充分循环利用;适当补充磷、钾等矿物养分;利用生态平衡,建立病、虫、草害的生物防治体系。生物农业以自然生态系统为指南,目的是发展一个持续的、自我维持的农业。

1975年,英国成立了国际生物农业研究所,并于1980年8月召开了第一次国际生物农业会议。从此,生物农业成为西欧替代农业的主要形式。此外,原西德、丹麦等国还开展了"生物动力农业"的探索试验,在生物农业的基础上,进一步强调种植业、养殖业、农产品加工乃至农产品销售相结合,形成一个更广泛的物质循环系统。这种生物动力农业使农业生产效率大大提高。

什么是转基因作物

中国农业大学等农业研究、教育单位在 1999 年初召开了"面向 21 世纪中国农业研讨会"，提出 21 世纪的科学技术尤其是生物技术的迅猛发展，将导致第三次农业革命的出现。

关于这个问题，1998 年 9 月，西班牙出版了拉蒙克洛农艺学院著名分子生物学教授费朗西斯、加西亚、奥尔梅多的《第三次农业革命》一书。该书指出，在人类一万年的作物栽培史上，经历了三次革命。第一次发生在新石器时代，从此人类开始了对主要动物的驯化和人工种植。通过选种等方式，使植物变得更符合人类的要求。第二次农业革命以 19 世纪后期奥地利遗传学家孟德尔提出"孟德尔定律"为标志，把传统遗传学知识用于改良物种。到了 20 世纪 60 年代，农业科学家又在这个理论的指导下，培育出矮秆、耐肥的高产粮食作物，从此农业体系发生了深刻变革，使农作物尤其是谷物产量显著增加，部分缺粮国家达到自给。因此被称为"绿色革命"。

随着 20 世纪 60 年代分子生物学的出现和发展，第三次农业革命在 21 世纪来到。这次农业革命的特点是：通过深入揭示生物生命奥秘，农业与生命科学等学科实现交融。其中最重要的特点之一，就是实现"分子耕作"，即采用基因工程方法来培育作物。

什么叫"分子耕作"法?现有形象的比喻称之为"遗传裁缝业"，即把特定的基因从一种生物细胞的 DNA 长键上"剪"下来，然后"缝"到另一种生物细胞的 DNA 长键中去。这样便"缝制"成了一个新的转基因作物，使之具有它原来并不具有而人类却希望它具有的特性，如可在盐渍地上播种西瓜和小麦，能够抗棉铃虫的棉花，具有耐寒能力的西红柿等。最近，美国孟山都农业生物技术公司还研制出一种新的转基因种子，由它种植出来的新一代转基因作物具有高产、抗病虫害、减少对肥料的依赖，简化农业劳动等优良的特性。

　　然而，科学家又指出，人类对转基因作物的研究还刚刚起步，许多问题，尤其是它可能产生的负面影响尚鲜为人知。《第三次农业革命》一书的作者认为，正如新有的"灵丹妙药"一样，转基因作物也存在着令人不安的危险：经过改性后的作物，从长远来看能对人类和环境产生某些有害影响，但在短时期里却不易察觉。例如，抗螟蛾玉米的分子里能分泌出微量杀虫剂来杀死害虫，而人类食用这种转基因玉米对健康是否有害，危害程度又如何，显然必须深入研究。抗除莠剂的转基因作物一旦使用不当而与野草杂交，将导致野草也成为除莠剂无法清除的变种，它的危害也是不容忽视的。

　　总之，在第三次农业革命中，要实行"分子耕作"，人类还必须经过艰苦的探索。

食物科技大革命

新世纪的农业

　　农业专家认为,在21世纪,世界农业将会出现新的趋势,特别是有4种新型农业将在世界各国广泛发展。

　　一是环保型农业。据有关统计资料显示,在过去40多年的时间里,全世界的农药使用量增加了10倍以上,化肥使用量也成数倍增加。这就造成了严重的环境污染,使传统农业走入了误区。近年来,在不使用农药、化肥的前提下,利用天敌治虫,生物农药等防治病虫害;发展高产、抗病抗虫的转基因作物,以及精制农家肥料,以声、光为肥料等,都属于环保农业之列,以高科技为后盾,必将取得迅速发展。

　　二是木本型农业,即以种植经济树木,替代传统的糖、油作物。一些多年生的经济树木,根系发达,须根分蘖强,可以免耕抗旱,且光合作用能力强,是草本植物的3倍,既可获糖、油、菜、果,以可收获饲料、木材和其他林产品,且其生态效应可从根本上解决温室效应以及水旱失调、大气污染、水土流失等农业上的难题。

　　三是野生型农业。野生植物无污染、无公害,是天然的绿色食品,具有鲜嫩、清香等独特滋味，其营养价值可与人工栽培的天然食用植物相媲美，有些还具有极高的药用价值和保健作用。野生植物还是世界作物珍贵的基因库，是杂交改良现有农作物的重要基因来源。目前，人们已开始将野生蔬菜等野生植物改为家种，使野生型农业的发展更具有现实意义。

四是海洋型农业。现代人类所需要的动物蛋白质，其总量 20% 来源于海洋生物源。在一些发达国家如美国、日本等，非常重视开发海洋生物资源，除海洋鱼类、贝类等养殖业外，目前主要集中在对海藻的人工培养研究上。仅在海岸沿岸开辟的"蓝色田园"种植带，其海藻产量已达 500 万吨，前景诱人。

农业专家还预言，在 21 世纪 20~30 年代，世界各地开发这四种新型农业，将会出现高潮。

化学农药的应用

化学农药是伴随着近代化学工业发展起来的。1761 年,秀尔蒂斯在研制种子杀虫剂时,首次使用了硫酸铜。1841 年发现了石硫合剂有杀菌作用。1867 年发现了亚砷酸铜的杀虫作用。 1877 年,德国的贝尔克曼证实了水银化合物有防治病虫害的作用。1882 年,法国植物生理学家米亚尔代,受法国波尔多市葡萄园使用药物的启发, 发明了波尔多液。1914 年,德国人 I.显姆发现了对小麦黑穗病有效的第一个有汞化合物即氯酚汞盐。1924 年,瑞士化学家斯托丁格和鲁奇卡研究了除虫菊的成分,发现了除虫菊酯,并于 1945 年实现了除虫菊酯的人工合成,命名为阿斯雷林。1931 年,日本的武居三吉、德国的布台南特、法国的拉·弗尔格等人, 分析出狩猎民族用的毒箭上所涂鱼藤根的成分, 主要是鱼藤酮,也有防治病虫害的作用。从 1938 年,瑞士化学家缪勒按照发现鱼藤酮的方法,研究出一种能使虫子麻痹的物质,这就是滴滴涕,它不仅可以用于农业杀灭害虫,而且可用于家庭杀灭苍蝇、蚊子等,应用非常广泛。缪勒因此获得诺贝尔奖。1942 年,英国 R.E.斯莱德和法国的久迪皮尔同时发现六六六的杀虫作用。1943 年,有机硫杀菌剂第二系列的品种代森锌问世。从 1938 年起,德国法本公司的 G.施拉德尔等,在研究军用神经毒气中发现许多有机磷酸酯具有强烈杀虫作用,并于 1944 年合成了对硫磷和甲基对硫磷。20 世纪 50~60 年代是有机农药的迅速发展时期,新的系列品种大量涌现,按其用途已形成除虫、杀菌、灭草三大类型。在杀虫剂方面,继滴滴涕、六六六之后,又出现了氯代环二烯等系列。有机磷杀虫剂增加最多,其中有马拉硫磷、敌百虫、杀螟硫磷等。1956年后,氨基甲酸酯类产品甲萘威相继投产。在杀菌剂方面,从1952年起,相继出现了有机硫杀菌剂克菌丹和有机砷杀菌剂系列。1961年,日本开发了第一个农用抗生素杀稻瘟素-S。除草剂开发的品种更多,如苯氧羧酸、氨基甲酸酯等。从20世纪70年代起,化学农药的发展开始向对人畜无害、对生物安全、对环境无污染的高效低毒和多种化方向发展。

化学农药污染

这里的春天绿荫掩映，鸟语花香；

这里的池塘鱼翔浅底，草地牛羊成群，一派生机……

但自从农药污染这个"狰狞的幽灵"开始踏上这片土地，树木便逐渐枯萎，鸟儿不再飞来，牛羊成批死亡……这一幅幅惨痛的剪影，美国海洋生物学家卡逊将其称之为"寂静的春天"。

1962 年，卡逊以第一个明智的科学家身份敲响了环境保护的警钟，美国总统肯尼迪很快明确表示了对这位新的"忧天"者以极大支持。"新的生态学时代"拉开了序幕。

据联合国环境规划署统计，全世界每年发生各种各样的农药急性中毒达 200 万人之多，丧生者突破 4 万人，而病得不清不楚，死得不明不白的慢性中毒者，其数量之巨无法统计。

滥用化学农药，是人类自取灭亡。

房前屋后的野生有毒植物：夹竹桃、曼陀罗、黄杜鹃、羊角扭、胡敏藤……气味特殊，令神憎鬼厌，然而却是无公害农药的宝库，是解决地球化学农药污染的希望。

从这些有毒植物提取的农药，对人畜无害，对生物安全有益，对环境无污染，害虫不易产生抗性……这些开发研究费用低下的植物，无疑是人类的救星。

我国有毒植物达一万余种，具备开发价值的大致有：

对作物真菌病、细菌病、病毒病确有疗效的植物如:胡敏藤 (又名大茶药、断肠草)、黄柏、大黄、连翘、板蓝(根)、烟草茶 (籽)等。

对昆虫有强烈驱赶作用的植物如:樟、桉、楝、肉桂、檀香、野薄荷、土荆芥、夜来香、玫瑰、丁香、番荔枝、芫荽、香附、使君子、花椒、茴香、黄皮、芸香等,其中桉油、樟油、薄荷油、黄皮油等,已经广泛应用于各种天然驱蚊剂,深受人们的欢迎;从柑橘、辣蓼、酒饼叶等植物中可以提炼对昆虫有强烈拒食作用的天然物质,具有商业开发价值的如:川楝、花椒、雷公藤等;影响昆虫激素平衡的植物如:藿香蓟、万寿菊、香茅等。

使昆虫绝育的植物如:喜树碱、姜油、肉桂油、维生素 H 等。

属于其他类的还有鱼藤、巴豆、除虫菊、博落回、罂粟等等。

为了挽救被化学农药污染的生存环境,为了人类的健康,近年世界各国已竞相投资这一领域的科学研究。

广东省昆虫研究所与德庆植保化工厂合作研制成功的鱼藤氰乳油,解决了国内外几十年鱼藤制剂使用稀释倍数不超过 500 等方面的难题,成为一种真正高效(可稀释 4000 倍使用)、低毒(大白鼠经口急性致死中毒为 1016.5 毫克每千克)、低残留(使用超高剂量 5 天后,有效成分

在蔬菜上的残留量为 0.01~0.02 毫克每千克),是《农药合理使用准则》规定的允许残留量的 0.1%~2.2%和无公害的杀虫剂。对防治小菜蛾和罗等世界性高抗药害虫有特效,对人畜、作物和天敌(益虫)安全,并能刺激作物叶绿素增长,有明显的丰产性能,已获得国家发明专利和省部级科技进步奖。

中国西北农业大学成功研制了川楝素乳油。还有苗蒿素杀虫剂、苦参合剂、谷虫净微粒剂等相继问世并获得我国农业部的注册登记。美国、德国及印度科学家成功研制了印楝素杀虫剂乳油。印楝树是解决全球化学农药污染最有希望的植物,在我国广东徐闻引种已获得成功。

无公害杀虫剂的艰难分娩,让人类又看到了保护生态环境的一线曙光。人们开始跳出仅仅只是关注天灾、瘟疫这类传统环境的局限,在"寂静的春天"开始拥抱新的一幕春的胜景。

什么是生物农药

　　线虫广泛为害人畜,引起寄生虫病。然而,寄生在昆虫体内的线虫,却能迅速置寄主于死地,因此可以利用线虫消灭各种农作物害虫,特别是防治那些极难防治的钻蛀性害虫。这就是"以虫治虫"。

　　当前,化学农药对环境污染十分严重,每年使成千上万人罹病甚至死亡。大力研制、生产和推广使用无公害的生物杀虫剂,以拯救环境和保护人类的健康,越来越成为人类的共识。昆虫病原线虫,就是一种方兴未艾的生物农药,将有十分广阔的应用前景。

　　线虫归属线形动物门线虫纲,因大部分线虫外形好似一条白线而因此得名。

　　我国是最早记载昆虫寄生性线虫的国家。《高邮州志》有"庆元一年(即公元 1195 年),飞蝗抱草死,每一蝗有一蛆,食其脑"的记载,比国外早 400 多年。

　　可以利用来进行生物防治的线虫主要有索线虫和斯氏线虫两大类群。

　　索线虫又称昆虫寄生性线虫,它的侵染期幼虫能穿过体壁,进入昆虫体内寄生,当发育到一定阶段,它又要穿出寄主体壁,转移到泥土里继续发育为成虫。这一转移对寄主来说非同小可,能使寄主被穿肠破肚而暴亡。因此,国内外许多科研单位致力于研究这类线虫以消灭各种农作物害虫,并取得很大进展。中国农业科学院生物防治研究所,在麦田

和玉米地撒放中华卵索线虫防治黏虫已取得成功。

其实，这类线虫在自然界对一些农作物主要害虫感染率已经相当高。如广东吴川市中山镇，稻飞虱感染率一般有50%~70%，严重的达90%以上。在自然界，正是由于这种天敌的有力制约，才使得这种赫赫有名的水稻毁灭性害虫自然种群不易增殖成灾。因此，保护这些线虫，并创造条件使之繁衍生息，已成为生物防治的一种重要手段。汉阳县采取冬种绿肥、勤灌浅水保持田沟湿润和合理施用化肥、农药等方法，保护线虫防治水稻害虫，十年来取得显著成效：减少施药面积60万亩次，减少农药费45.7万元，索线虫自然感染率保持85%~94.6%，生态效益和社会效益都十分明显。

另一类称为斯氏线虫，又名昆虫病原线虫，是目前世界各国科学家十分重视的天敌类群。它们的主要特点是在消化道内有大量共生细菌，当侵染期幼虫侵入寄主血腔，排出共生细菌，使寄主败血暴亡。然后这类线虫在虫尸上继续繁殖，直至第二代大量的侵染幼虫出现才钻出虫尸，寻找新寄主寄生。由于这种线虫具有杀虫谱广、杀虫速度快、对人畜植物绝对安全和可以工厂化大量生产等特点，因而受到国际科技界、企业界青睐，竞相投资研究和开发利用。

广东省昆虫研究所筛选确定以苹果虫蛾线虫为主的综合防治方法，有效地消灭荔枝蛀干害虫，推广应用面积1500公顷，深受果农欢迎。目前这种线虫可以大量生产，这些线虫产品已经在山东、河南、广东和北京等省市推广，对大面积防治桃小食心虫、蔗龟、竹象、天牛和拟木蠹蛾等棘手的地栖性和钻蛀性农作物害虫，效果十分理想。

食物科技大革命

什么是转基因作物

病虫害是农作物的天敌。为了对付水稻病虫害，中国农业科学家别开生面，培育出一种特殊的水稻——克螟稻。它不仅不畏螟虫，相反却成了螟虫的敌人。螟虫只要吃上几口，就会中毒而亡。似乎令人不可思议。

原来，克螟稻是运用基因转移方法培育出来的转基因作物。所谓基因，就是储存特定信息的功能单位。各种生物因携带的基因不同而呈现出各种不同的特性和遗传结构，当人们希望某个物种具有某种它本来并不具有的特征时，可以用人工方法把有关基因转植其中来实现，这种方法就称为基因转移(育种)方法。人们把通过基因转移培育出来的作物叫转基因作物，把这种培育转基因作物的方法形象地叫做"分子耕作法"。有人更形象地称为"遗传裁缝业"。它从一种生物细胞的 DNA 长链中"裁"下基因，然后"缝"到另一种生物细胞的 DNA 长链中，从而"缝制"出一个新的转基因作物。克螟稻就是将某种植物的有毒基因转植到水稻上的。通过基因转植方法，人们可以随心所欲地"缝制"出各种性状的

物种,扬长避短,为我所用,开辟了人类作物栽培史上的新纪元。

然而,对于转基因农业和由此培育出来的转基因作物,欧洲国家持十分慎重的态度,科学界也有不同意见。有人认为转基因食物有碍健康。例如抗螟玉米,它所含杀虫物质既可杀虫,又可把害虫培养成杀虫剂无法对付的"超级抗药害虫",而且人类食用这种含毒玉米也不利健康。也有人认为,一旦转基因作物使用不当而与野草杂交,将有可能出现除草剂无法消灭的"超级杂草",后果不堪设想。

这些意见是否有道理,怎样使转基因作物更符合人类需要,目前科学界正在进一步探索。

什么是以螨治螨

柑橘甜蜜多汁，人人爱吃。可是柑橘种植园里的红蜘蛛，是柑橘生产的大敌。过去人们对付这种害虫，单靠使用杀虫剂，不仅耗费资金，而且污染环境及农产品。

广东省昆虫研究所科技人员摸索到一种"以螨治螨"的生物防治新方法，能有效地制伏红蜘蛛。

所谓"以螨治螨"，简单地说，就是在柑橘园种植一种菊科杂草，以保护利用一种称为钝绥螨的肉食性益螨，达到防治柑橘红蜘蛛的目的。

这种菊科杂草称为藿香蓟，为一年生草本植物，株高 30~60 厘米，华南诸省漫山遍野及房前屋后的空地常有它的"芳踪"。藿香蓟花期长，每年 5~12 月花开不绝，种子成熟落地，即可萌发新株；秋末冬初落地的种子，仍可以在地里休眠，待翌年"春风吹又生"。故一经在柑橘园内种植，则连年不断持续发挥治虫效益。

红蜘蛛是柑橘大害虫，它的特点是个体细小，习性隐蔽，繁殖迅速，对毒剂能迅速适应。因而，化学防治十分棘手。钝绥螨，普遍存在于柑橘园，是柑橘红蜘蛛的"天敌"，就像猫生性喜欢捉鼠一样，钝绥螨一旦与红蜘蛛相遇，立即用有力的螯肢将它夹紧，并将尖锐的口器插入红蜘蛛体内吸食体液，直至体液被吸干才弃尸而走。由于钝绥螨具有繁殖周期短食性杂、适应性强和在作物上的分布与红蜘蛛一致等优良特性，能卓有成效地用以防治红蜘蛛。

在柑橘园种上藿香蓟作为覆盖植物,使夏季柑橘树冠温度降低,湿度升高,有利于钝绥螨的生长繁殖。藿香蓟叶背上的绒毛丛,是钝绥螨产孵的好地方,它的花粉又是钝绥螨的上好食料;即使要向柑橘树冠喷射杀虫剂防治其他害虫而导致钝绥螨数量下降,藿香蓟上的钝绥螨也可以源源不断地向柑橘树冠补充。这样,可以确保任何时候钝绥螨种群数量保持在足以控制红蜘蛛不发生危害的水平。

据统计,我国柑橘园应用此项技术面积超过 100 万公顷,每年可挽回经济损失 1.6 亿元以上。国外,如澳大利亚昆士兰州大量应用此项技术,也取得显著的经济效益和生态效益。

食物科技大革命

97

水稻节水

"浅、湿、晒"模式

该模式是我国应用地域最广、应用时间较久的节水灌溉模式,属于该类模式的,如广西壮族自治区大面积推广的"薄、浅、湿、晒"灌溉,北方推广的"浅湿"灌溉和浙江省等地推广的"薄露"灌溉等。

(1)广西壮族自治区推广的"薄、浅、湿、晒"灌溉,田间水分控制标准:①薄水插秧、浅水返青:插秧时为15~20毫米薄水层,插秧后田间保持20~40毫米的浅水层;②分蘖前期湿润:每3~5天灌一次10毫米以下的薄水,保持土壤水分处于饱和状态;③分蘖后期晒田;④拔节孕穗、抽穗扬花期保持5~15毫米薄水:拔节孕穗期保持10~20毫米薄水层;⑤黄熟期先湿润后落干。

(2)北方地区(辽宁等省)所采用浅湿灌溉的田间水分控

制标准:①插秧和返青浅水:保持 30~50 毫米浅水层;②分蘖前期、孕穗期、抽穗开花期浅湿交替:每次灌水 30~50 毫米,田面落干至无水层时再灌水;③分蘖后期晒田;④乳熟期浅、湿、干晒交替:灌水后水层深为 10~20 毫米,至土壤含水率降到田间持水率的 80%左右再灌水;⑤黄熟期先湿润后落干。

(3)浙江省等地推广的薄露灌溉的水分控制标准:在拔节期以前及黄熟期与广西的"薄、浅、湿、晒"方式相类似。但从拔节期起到黄熟期末,在薄水(15 毫米以下)与湿润土壤饱和后再继续落干与轻晒,土壤含水率下限为田间持水率的 80%~90%。

"浅、湿、晒"模式中,分蘖后期晒田是一项有利于高产、节水的重要措施。对于开始晒田的时间,应掌握苗够晒田时晒田,即当分蘖后稻田苗数达到栽培方案中的计划苗数或有效分蘖率达到 80%~90%时开始晒田;若时间达到分蘖盛期末尾而苗数或分蘖率未达到以上标准,也应开始晒田。对晒田的程度,一般低垄田、黏土田、肥田、禾苗生长旺盛的田要重晒,可晒 5~8 天,晒至土壤含水率为田间持水率的 70%~80%,若是阴雨天,要延长晒田时间;对烂泥田、冷浸田,则要重晒或多晒。地势高、土壤透水性强、肥力低、禾苗生长差的稻田,要轻晒,晴天晒 3~5 天,遇阴雨则延长,土壤含水率达到田间持水率的 80%~90%即可。

"半旱栽培"模式

这是近年来通过对水稻需水规律和节水高产机制等方面进行较系统的试验研究提出的一种高效节水灌溉模式。对这类灌溉模式,在山东济宁市称为控制灌溉,在湖南零陵地区称为控水灌溉,在广西玉林地区称为水插旱管,等等。它已在这些地方有成万亩甚至十万亩的推广面

积。国外一些水稻灌溉试验研究机构也在研究和推荐这种模式。这一模式与前述两类模式有较大差别，除在返青期建立水层，或是返青与分蘖前期建立水层外，其余时间则不建立水层，故国际上一般称这种模式为半旱栽培模式。现以山东济宁市与广西玉林地区所采用的这类模式为例，说明其水分控制标准。

山东济宁市试验成功并在较大面积上推广的水稻"控制灌溉"，其稻田水分控制方式为：稻田返青期保持5~30毫米的薄水层，以后各生育阶段田面不保留水层，土壤湿润上限为饱和含水率，下限为饱和含水率的60%~70%，黄熟期断水。广西玉林地区"水插旱管"的水分控制标准为：移栽时田面水层5~15毫米，返青期水层20~40毫米；分蘖前期水层0~30毫米，分蘖后期晒田，土壤湿度为饱和含水率的70%~100%；拔节孕穗期、抽穗开花期五水层，土壤含水率为饱和含水率的90%~100%；乳熟期五水层，土壤湿度为饱和含水率的80%~100%；乳熟期五水层，土壤湿度为饱和含水率的80%~100%；黄熟期前期土壤含水率为饱和含水率的70%~100%，后期断水。这类灌溉模式的节水效果显著，对增产也有利。

种子包衣技术

种子包衣剂的配方为复合型,可分为两大类物质,一是农用活性物质;二是加工过程所需的填充、辅助物质。农用活性物质包括:大量元素(氮、磷、钾)、微量元素、农药(杀虫剂、杀菌剂)、生化营养素(黄腐酸、多效唑、生根粉)、保水剂、PEA、VK–1;填充、辅助物质包括:斜发沸石、黏合剂、防腐剂和装点剂等。

目前,种子包衣技术已广泛应用于水稻、小麦、玉米、棉花、花生等作物,其主要功能表现为:

(1)综合防治苗期的病虫害,并由于施药隐蔽,减少了对田间天敌的杀伤。

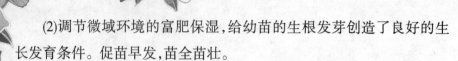

(2)调节微域环境的富肥保湿,给幼苗的生根发芽创造了良好的生长发育条件。促苗早发,苗全苗壮。

(3)抗逆、耐旱节水、增产。

(4)使种子标准化、商品化,提高种子质量,节约良种、扩大良种播种面积。

目前,已研究开发出针对不同作物的包衣剂配方,每种作物的包衣剂又分为配方一号袋装粉剂。按使用说明由农民朋友自己手工对种子进行包被;配方二号是用于机械加工,通过机械包被,生产商品包衣种子。

人工加工包衣种子:播种时,在田间地头,以拌种的形式进行操作。一般用1平方米左右的正方形塑料布,将一定数量的水浸后的种子放在塑料布上,2人各拿两角上下左右翻滚种子,随翻滚随加入包衣剂材料,包均匀后即可播种。耧播作物如小麦需稍微晾晒,有条件的可拌些滑石粉,以利播种。

科技绿色革命

"绿色革命"的主要对象是农作物，它是在科技发展的背景下开始的，至今已经历了两个发展时期。

第一次"绿色革命"

发达国家在第三世界开展的以培育和引进高产稻麦新品种为主要内容的生产技术改革活动，被称为"绿色革命"。20世纪40年代，美国洛克菲勒基金会和福特基金会派遣农业专家到亚、非、拉国家设立各种农业研究中心，选育推广水稻、小麦、玉米高产品种，这是绿色革命的开端。

20世纪60年代初，基金会在菲律宾建立了国际水稻研究所，并在不长的时间内陆续推出若干矮秆高产水稻新品种。从1965年起一些稻麦新品种陆续向其他一些发展中国家推广。这些稻麦

高产品种的产量比当地品种高出 1~3 倍。70 年代又在印度、印尼、巴基斯坦等 20 多个国家推行。印度是"绿色革命"有代表性的地区,印度种植的稻麦高产品种达 2800 万公顷,占全世界总推广面积的一半以上。

许多发展中国家实施绿色革命战略,产生了巨大效益。例如,墨西哥从 1960 年推广矮秆小麦,3 年间种植面积占总种植面积的 95%,总产接近 200 万吨,比 1944 年提高 5 倍;印度 1966 年从墨西哥引进高产小麦品种,并配合灌溉和施肥等技术的改进和投入,到 1980 年,其粮食总产量从 7235 万吨增至 15237 万吨,由粮食进口国变为出口国。据有关资料介绍,在实施绿色革命的 11 个国家中,水稻亩产量由 20 世纪 70 年代初的 135 千克提高到 80 年代末的 221 千克,增长 63%。目前发展中国家种植的 1 亿公顷小麦中,有 60% 的面积采用了绿色革命的育种成果,通过推行良种作物,加上化肥、农药、灌溉及改良农机具等措施,促使农作物得到不同程度的增产,一定程度上缓和了世界粮食紧张状况,改变了一些缺粮国家大量依靠进口的局面,摸索出了一条不必首先实行农业机械化而达到增产粮食的技术路线。

第二次"绿色革命"

高产品种优越性的发挥遇到了社会条件和基础设施的限制,第一次"绿色革命"未能完全达到预期的目的。因此,近些年来,绿色革命已由原来的以推广高产品种为主,逐步转向进行综合农业技术改革。被称为"绿色革命之父"的勃劳格认为,绿色革命就是农业技术革命,而现代工业和科学技术是绿色革命的技术前提。20 世纪 80 年代以来,随着生物工程的迅速发展,人们寄希望于在利用遗传学的最新成果的基础上,开展第二次"绿色革命"。

在第一次"绿色革命"的基础上，1990年世界粮食理事会第16次部长会议首次提出在发展中国家开展新的一轮绿色革命。第二次"绿色革命"的主要内容包括：①在巩固水稻、小麦、玉米育种等第一次"绿色革命"成果的基础上向农业其他领域扩展；②在有效利用灌溉耕地同时，向旱地、低地、丘陵山地扩展；③扩大生物技术的研究与应用，开展"基因革命"。利用基因工程技术培育固氮、抗寒、抗高温、抗盐碱、抗病害的优良作物品种，将会为现代农业带来革命性的变化。

自20世纪90年代初提出第二次"绿色革命"的概念以来，新的变化正在发生，生物工程等高新技术也已开始在农业上得到应用，这必将为发展粮食作物生产，提高生产力水平，解决亿万人的吃饭问题，发挥重要作用。第一次"绿色革命"尽管很成功，但并未实现预期的理想目标，因此第二次"绿色革命"将在生物工程等高科技的支持下展开，并将持续至21世纪。

什么是核农学

自从 1923 年赫维西最先使用天然放射性核素铅 212 来研究铅盐在豆科植物内的分布和运转规律以来,通过科学家的研究和探索,逐渐形成了介于核科学与农业科学间的一门边缘学科——核农学。它的主要研究领域是:辐射遗传和育种学、放射生物学、辐照保藏技术、示踪原子应用等,其应用领域不断扩大,并已取得显著成绩。

核农学是研究核素、核射线及有关核技术在农业科学研究和农业生产中的应用及其基础理论的一门学科。

在辐射育种方面,中国在这一领域居世界领先地位。应用辐射方法已培育出 500 多个植物良种,建立了完整的辐射育种程序。发展趋势是扩大应用领域,加强定向诱发突变,提高诱变率和辐射育种基础理论研究。

辐射保藏技术具有节约能源,卫生安全,保持食品原来的色、香、味和改善品质等特点,应用日益广泛,技术日趋成熟。

同位素示踪技术在农业上的应用,解决了农业生产中的土壤、肥料、植物保护、动植物营养代谢及放射免疫等技术关键问题。它对揭示农牧渔业生产规律,改进传统栽培养殖技术,具有重要作用。

昆虫辐射不育技术是现代生物防治虫害的一项新技术,是目前可以灭绝某一虫种的有效手段,今后将加强其应用基础及技术研究。

生物的辐射刺激增产已在蚕豆和渔业生产中获得成效。放射生物学和辐射遗传学也在农业科研及生产中起积极的作用。

21世纪的农业

　　本来植物在现实里需要约一年的生长历程,但在电脑屏幕上,你可以看着猕猴桃的枝蔓渐渐萌出,抽芽,生长,叶子展开,花朵绽放,结出果实。整个过程被浓缩在不到1分钟的时间里。这种利用电脑技术来模拟农作物生长的技术,被称作虚拟农场。

　　用计算机对植物的生长过程和构造进行三维模拟,可以改变作物的栽培方式,还可显示出未来作物具有哪些性状。用模拟技术可以研究水果的味道是怎样依生长位置而异的,帮助研究人员寻找既能对付害虫又不危害环境的办法。还可以设计一种通用的基因模式来模拟植物生长,在任何一种植物里,每个芽或叶的基本生长模式与其他任一个芽或叶相同。作物的生长过程可以分解成这些重复部件生长过程的总和。

　　电脑模拟农作物生长技术的前景是深远的,将来农业科学家将在屏幕上设计作物,然后再培育或用基因工程技术繁殖出真实的作物,这种作物能与具有最理想性状的虚拟作物相媲美。如果计算机模拟显示,较大的叶片会使产出的果实较甜,害虫的藏身处较少,科学家就会找出能使叶片较大的基因,并将他们转移到作物中。虚拟作物还有助于改善园艺方法。它们能够显示出修剪作物以便结出具有某一特定风味果实的最佳办法。

　　一些发达国家已采用农业数据库和计算机网络技术,使农民能远距离直接存取数据中的信息,极大地促进了农业生产。

日本农林水产省的"生鲜食品流通情报服务中心"与全国 77 个蔬菜市场、23 个畜产市场联机,向各县农协提供农副产品价格、产地、市场流通等情报。日本各县还建立了农业技术情报系统,通过与各用户联机,提供气象、土壤、土地利用、新产品和新技术开发等方面的情报,大大方便了农民的生产安排。

在法国,3 万个农场拥有信息设备。加拿大的一家资料库通过信息网向农民提供他们索取的芝加哥交易所的谷物最新价格或未来几小时的气象预报。西班牙卡塔赫纳的一个面积近 300 公顷的蔬菜农场,浇水和施肥全部由计算机控制。英国于 1991 年建成了第一个生态实验室,能用计算机精确模拟各种生态系统,使科学家们能搞清楚生态系统的形成、食物链组成的稳定性,以及生物在不同生态中的相互作用。

神奇的"白色农业"

"白色农业"的起源

1986年,中国农业科学院研究员、北京白色农业研究所所长包建中在《光明日报》发表《发展高科技应创建三色农业——绿色农业、蓝色农业、白色农业》文章,提出"三色农业"新概念,是基于中国的国情思考。21世纪中国要养活16亿庞大人口,并达到富裕生活水平,传统农业就要进行一次革命性变革。他对中国农业变革的思考与构想主要有三点:①实施农业"三个战略调整"。开拓农业生产的新空间、新领域,全方位地开发利用自然界三大类生物资源,实现农业与生态环境协调发展。②创建"三色农业"。跳出传统"土壤农业"单一化的生产方式,开创"多样形态"的农业生产方式,大力发展农业先进生产力。③在"三色农业"中,重点发展"白色农业",实现农业可持续发展战略目标。

(1)实施农业"三个战略调整",实现农业与生态环境协调发展。

①将围限于陆地的"土壤农业",调整为开发海洋水域生物资源的"水生农业"。海洋占地球表面积71%。中国是海洋大国,浅海领域可开发为农场、牧场的水面积有22亿亩,超过陆地的耕地总面积。

②将由植物和动物组成"二维资源结构"的传统农业,调整为"三维资源结构"——植物种植业、动物养殖业、微生物增值业(发酵转化业)的

可持续发展新农业。

③将自古以来的"人畜共粮"，调整转变为"人畜分粮"(牲畜改吃微生物饲料)。据联合国 FAO 统计，世界年产粮食总量中人吃口粮占 42%，畜牧业饲料粮占 43%。由此可见，"人畜分粮"，既能缓解"人畜争粮"造成粮食短缺的矛盾，又有利于生态环境保护。

(2)创建"三色农业"——绿色农业、蓝色农业、白色农业，开创"多样形态"的农业生产方式，在实施"三个战略调整"的基础上建设"三色农业"。

即：

①传统农业为"绿色农业"。

②海洋水域农业为"蓝色农业"。

③微生物农业为"白色农业"。由于这项新农业是高科技发酵工程的工业化生产，工作人员都穿白色工作服从事操作劳动，故形象地称为"白色农业"，便于组合成"三色农业"新观念。

(3)发展"白色农业"，实现农业可持续发展战略目标，建设可持续发展型农业，必须向大自然三维结构"地球生物圈"，植物生产、动物消费、微生物分解还原，循环往复，生生不息，才有了人类生存繁衍的基础。显然，大力发展"白色农业"，建设"三维资源结构"——植物种植业、动物养殖业、微生物增值业(发酵业)的农业产业结构，是实现可持续发展战略目标的有效捷径。

"白色农业"的内涵

1999 年"第一届国际白色农业研讨会"取得以下几点共识：

(1)白色农业又可称为微生物工业型农业，或简称为微小物农业；

(2)白色农业的科学基础是"微生物学",它的技术基础是"生物工程";

(3)白色农业已初步形成6项产业:微生物食物、微生物饲料、微生物肥料、微生物农兽药、微生物能源、微生物生态环境保护剂;

(4)白色农业是节约耕地、节省水资源的产业,能缓解传统农业"与人争地"、"与人争水"的矛盾,有利于良性生态建设,同时,白色农业能实现少用或不用化肥、化学农药生产无公害绿色食品有机食品,有益于人们健康和环境保护;

(5)白色农业具有国际意义,不仅要在中国开花结果,而且要走向世界。

"白色农业"的宗旨

21世纪国际经济社会要取得进一步发展,必须首先要解决"两个难题",实现"一个战略目标"。两个难题:食物安全保障和生态环境保护;一个战略目标:可持续发展战略。白色农业的主要宗旨,就是在农业领域承担解决"两个难题"、实现"一个战略目标"的历史使命。具体措施,实施以下两项白色农业工程:

(1)推行"人畜分粮"和"无公害绿色食品有机食品"工程,解决两个难题。这项白色农业工程,既能解决食物安全保障问题,同时又能节省出大量生产饲料粮的耕地,可用于退耕还林草、退田还河湖,建设美好的生态家园。

(2)建设"三维资源结构"的新型农业,实现一个战略目标发展白色农业,将"二维资源结构"的传统农业,变革为"三维资源结构"——植物种植业、动物养殖业、微生物增值业(发酵业)的新型农业,实现农业可持

续发展战略目标。

"白色农业"与传统农业的关系

"白色农业"与传统农业是相互依存的统一整体,也可以说两者是"二改三创新"共同发展完善的紧密关系。所谓"二改"即:一是"改革"传统农业的产业结构,由"二维资源结构"改革为"三维资源结构"的可持续发展型新农业;二是"改善"传统农牧产品质量,生产无公害绿色食品有机食品。所谓"三创新":"白色农业"开创了农业的"新生产领域"(微生物发酵增值业)、农业的"新产业结构"(可持续型三维资源结构)、农业的"新生产方式"(现代工业化生产)。"白色农业"体现出传统农业科技史上的重大突破和创新。

"白色农业"产业化示范及科技项目

(1)农牧业无公害绿色食品有机食品集成技术。

(2)"人畜分粮"型微生物饲料(秸秆发酵和单细胞蛋白)产业化及生产机械装备。

(3)农牧业废弃物资源化——例如,农作物秸秆培育食用菌及菌渣综合利用。

(4)农村生态环境保护——重点解决畜牧养殖场粪污及有机废弃物的无害化、资源化。

(5)农村绿色能源推广——普及沼气应用。农村、城镇小型沼气发电站,以及秸秆提取燃料酒精发酵工艺技术。

(6)农业创新工程——"白色农业"产业化示范科技园区。

食物科技大革命

"白色农业"带来了什么

微生物食品

"民以食为天"，吃是人们的第一需要，也是最基本的需要。人人要吃，天天要吃，而且吃的产品都是一次性消费品。吃饱了还要吃好、吃美味、吃营养、吃新奇，吃出美容、吃出健康、吃出智慧、吃出长寿，吃是一种享受、一种文化。"吃"是一个特殊的市场，是所有市场中最大的市场，但尚未根本解决，现在如何吃好的问题也已提到议事日程，吃好更是永无止境的。现在世界上许多发展中国家还在为吃饱而发愁，正是这些国家人口的增加往往抵消了食品的增长，而且各种自然灾害使生产极不稳定，同时养殖业也在与人争粮，吃饱的问题十分突出。人类只有一个地球，单靠土地生产食品是极其有限的，所以必须在控制人口增长的前提下，开辟新的途径。微生物食品的内容非常广阔。包括食品、保健品、深加工产品，早在古代我国人民就开始了这方面的工作，如我们日常习惯了的酒、酱油、豆豉、豆腐乳、泡菜、豆瓣酱、酸奶等，但这些都是小食品。科学技术发展的今天，微生物食品已可实现规模生产和工厂化生产，目前主要是工厂化生产单细胞蛋白和食用菌的生产。食用菌生产现在已有常规生产、机械化生产、工厂化生产、工业化生产多种形式，它们各有不同特点和应用条件。中国已经成为食用菌生产大国，但还不是强国,中国有许多发展食用菌产业的有利条件和优势,有非常广阔的发展前景。

发展微生物食品的巨大意义在于它所用的原料可以充分利用种植业和养殖业的副产物,它们的数量大、成本低,有的目前甚至是废弃物,其数量之大不亚于种植业的总产量,通过微生物将它们转化成为低能量、高蛋白食品,不与人争地、争水、争粮,而且可以工厂化、工业化生产,不受季节、地域的限制,劳动生产率和经济效益相当高,产品不仅有广阔的国内市场,出口也有巨大的潜力。

微生物饲料

长嘴的都要吃,饲料是养殖业最重要的物质基础。人畜争粮、争地、争水,是发展中国家和不发达国家的一大难题。在经济发达国家,养殖业的产值都超过种植业,这是农业产业结构是否合理的重要标志。在我国,一方面是人畜争粮饲料不够,或者是饲料价高增加了养殖业的生产成本,可是另一方面又有大量农作物秸秆和其他工农业副产物被浪费。为解决这一困境,同时也是为了使我国人民的食物结构更科学,现在国家大力提倡养殖草食畜禽。为了增强人民的体质,近几年,我国大力宣传城市人口要重视喝牛奶。我国南方十几个省的耕牛、肉牛、奶牛一年中有 7 个月喂稻草,由于稻草营养价值低,在喂稻草期间,不仅不长膘、不长肉、产奶量低,体质和产量反而下降,如何有效地把稻草利用起来是一项非常有意义的工作,微生物在这方面大有作为。

中国有一个庞大的饲料行业,然而都是以粮食为主要原料。粮食稍微紧张或价格上升,饲料行业和养殖业都跟着不景气。现在饲料行业的设备、工艺技术力量都是以粮食的加工为基础的,不适合生产微生物饲

食物科技大革命

114

料。所以微生物饲料将是一个新的产业，这是创业者难得的机遇。微生物饲料除利用秸秆外，还有大量的农业副产物和工业下脚饲料可利用，所以原料充足，原料成本低，又不与人争粮，有广阔的发展前途。

微生物农药

为了防治病虫害，人们长期以来大量使用化学农药，甚至剧毒农药。由于病、虫产生了抗药性，化学农药用量愈来愈大，尤其是剧毒农药的普遍使用，造成环境污染和食品污染越来越严重，并形成恶性循环。城市人民所受的慢性污染短期不易发现，农民使用农药中毒、城市市民因食用施用有毒农药瓜果蔬菜造成食物中毒的事件日益普遍。疯牛病、污染鸡、垃圾猪……人们在吃的上面提心吊胆，发出"我们还敢吃什么"的强烈呼声。

微生物农药是利用病、虫本身的病害来进行防治，它的效果好、毒性低，对人畜安全无害。如目前开始大量推广的就是属于微生物农药，为保护生态环境和安全发挥了积极的作用。

微生物肥料

肥料是种植业的粮食。俗话说，"多收少收在于肥"。中国有庞大的化肥行业，然而长期大量使用化肥的副作用也同样突出，土壤肥力下降，土壤性状变坏，生产成本上升，甚至造成环境、食品的污染。所以在经济发达国家也在积极采取措施解决这一问题。

微生物肥料的内容丰富多彩，大体可分为以下几大类：

(1)根瘤菌肥料；

(2)固氮菌类肥料；

(3)磷细菌肥料；

(4)钾细菌肥料；

(5)复合菌肥料类；

(6)菌根真菌肥料；

(7)微生态菌肥；

(8)抗生菌肥料类；

(9)无机、有机和微生物复合肥类；

(10)活性堆肥。

微生物肥料具有其固有的鲜明特点：微生物肥料能保护生态环境，不破坏土壤结构，对人、畜和植物无害，是生产无公害蔬菜瓜果的优选肥料；肥效持久，能够提高作物产量和改善农产品品质；能改良土壤，提高土壤肥力；肥料成本低。

微生物肥料在使用上有一定要求，微生物肥料的一些品种对作物有选择性；最重要的是微生物肥料的肥效往往受土壤和环境因素以及存放时间、存放条件的制约。但只要按技术要求去使用，这些制约是容易解决的。

微生物能源和微生物环境保护

沼气是典型的微生物能源。

城市的垃圾特别是大城市的垃圾处理是许多国家面临的一大难题。不少城市采用焚烧的办法，这种方法虽然减少了垃圾的占地问题，但是它的设备昂贵，还造成空气污染。如能用发酵的方法用微生物处理，既可得到能源，又能得到大量有机肥，一举两得。

白色农业装备

　　白色农业是现代化农业,工厂化农业,所以必须用现代化的装备来武装,否则现代化、工厂化都是一句空话。

　　现代化装备包括:科研用装备,企业生产用装备,适合农民使用的设备。内容有仪器设备、工厂设备、测控设备、机械设备。随着白色农业的不断发展,对设备的需求也会愈来愈多。装备的水平在很大程度上决定科研及生产水平,所以随着白色农业的不断发展,这一产业有广阔的发展前途。

大生态秸秆产业

　　21世纪农业实现可持续发展的战略性项目。

　　"大生态秸秆产业"是根据"白色农业"的创新思想和生态规律,通过应用现代技术和生产方式开发利用微生物资源的功能和产物,按照自然规律的生态链,经济规律的产业链的要求,对以农作物秸秆为主的大量废弃有机物进行多层次、综合开发利用,使现行农业产业结构符合生态规律的要求,实现生态平衡和良性循环,从根本上解决农业生产上所存在的众多问题,使整个大农业走上可持续发展的循环经济的道路。

食物科技大革命

新型农业发展模式

精准农业

精准农业(也称精确农业、精细农业)是美国等经济发达国家在 20 世纪 80 年代末期继 LISA(低投入可持续农业)后,为适应信息化社会发展要求对农业发展提出的一个新的课题。目前,一些发达国家已将精准农业技术系统应用于农业生产与管理,如作物的估产、长势监测、产量预测、病虫害预报、确定灌溉方法和最佳施肥量、评价一项新的农业技术对作物生产的影响及分析由于气候的不确定性而带来的生产风险等方面。目前,我国一些地方也已开始了这方面的应用研究与试验。

精准农业是一种把科学的精确性引进农业生产的方法,即通过全球卫星定位系统、遥感技术、地理信息技术、自动化控制技术等,利用大型的机械设备进行田间管理,能够做到精确配方施肥、定点施药,在减少投入的情况下增加或维持产量、提高农产品质量、降低成本、减少环境污染、节约资源及保护生态环境,适用于种植业、畜牧业、园艺和林业等,精准农业将现代科学技术(包括电子、计算机和信息技术等)运用在农业中,是一种关于农业管理系统的战略思想,并与可持续农业密切相关。

与一般的农业技术不同,一般的农业技术是通过品种、施肥、灌溉等措施来提高农作物产量,而精准农业技术是通过全球卫星定位系统

和计算机技术,精确地计算出一块地所需的投入,从而达到减少不必要的投入、避免资源浪费及提高效益的目的,以确保农业可持续发展。

精准农业是信息技术发展的必然结果,是农业现代化的必然趋势。至今为止,农业仍是投入/产出转换效率很低的产业,其中重要的原因之一就是由于对作物的投入不是根据作物的实际需要。另外,农业造成的环境污染及农产品残留毒害也愈益引起人们的重视,其解决的途径也必然是采取精准农业战略。从长远看,环境效益、经济效益与社会效益的统一也只有在采取精准农业战略的前提下才有可能真正实现。

都市农业

都市农业首先是在20世纪50年代末60年代初由美国一些经济学家提出的,最初的表述为"都市农业区域"和"都市农业生产方式"等,到1977年美国农业经济学家艾伦·尼斯才明确提出了"都市型农业"一词。进入20世纪80年代后,随着城市化进程,日本、新加坡、韩国等国家一些经济学家相继开展了与都市农业有关的研究,并不断完善都市农业概念的内涵,从此都市型农业的概念在世界范围内被广泛接受。

都市农业指处在大城市及其周边的地区充分利用大城市提供的资本、科技成果及现代化设备进行生产,并紧密服务于城市的现代化农业。都市农业是一种与城市经济、文化、科学、技术密切相关的农业现象,是城市经济发展到较高水平时农业与城市、农业与非农业等进一步融合过程中的一种发达的现代农业。都市农业作为一种崭新的现代农业形态,具有城乡融合性、功能多样性、现代集约性、高度开放性等特征。

一是具有推进资源优化配置和农业产业化进程,促进农业产品结构调整,不断提高农民收入的经济功能;二是具有为城市居民提供接触自然、体验农业以及观光、休闲和休憩的场所与机会的社会功能;三是具有营造优美宜人的绿色景观,保持清新、宁静的生活环境的生态功能;四是具有依托大城市科技、信息、经济和社会力量的辐射,带动持续高效农业乃至农业现代化发展的示范功能。都市农业有净、美、绿的特色,建立了人与自然之间和谐的生态环境,而绿色食品生产和生态环境建设是作为经济中心的城市高速发展不可缺少的两个重要的支撑点。

蓝色农业

随着人口的增长,土地资源的日益减少。21世纪的食物问题正越来越引起人们广泛的关注。海洋作为人类生命的摇篮,占地球表面积的71%,生物资源非常丰富,据测算,海洋中的生物资源可养活地球300亿人口。显然,海洋将是人类21世纪的第二粮仓。如何开发海洋食物资源?科学家们提出发展"蓝色农业"的设想,建议一方面依靠微生物发酵工程利用海洋植物生产单细胞蛋白质,一方面利用浅海和滩涂搞海水养殖与放牧,实现农牧场化,从而形成与陆地农业并存的蓝色海洋水生农业。

蓝色农业指利用海域种植或者捕捞海洋生物资源,进行农业生产,发展海洋农业、海洋种植、海洋养殖和海洋捕捞,开发海洋食用蛋白。蓝色农业是大农业的重要组成部分,在国民经济中占有不可缺少的地位。

生态养殖和工程养殖关键的策略在于立足基础研究,强化高新技术转化,实施良种工程,不断推出养殖新良种,从平衡沿岸各产业的需求出发,调整现有养殖区的养殖结构、规模与布局;集成现代生物和工程技术,实施潮上带和陆地生态工程养殖;以养殖生态学理论和现代工程技术为基础,大力发展浅海离岸设施渔业。与内陆水域相比,海洋资源与环境的保护和持续利用更为重要,前景也更为广阔。

120

白色农业

白色农业被称为除植物种植和动物养殖两大块之外的第三农业，是对微生物资源(主要是利用菌类微生物)进行工业化开发而形成的高科技农业，又称为微生物农业。白色农业的内涵为发酵工程和酶工程，由于人们在工厂车间内都要穿戴白色工作服、工作帽从事劳动生产，所以形象地谓之为白色农业，这种工业型新农业生产潜力巨大。

与传统农业比较，白色农业有很多优势。一是原料丰富，可以利用农作物秸秆、农副产品加工的下脚料(如酒糟、醋糟、糖渣等废料)、工业废料(如造纸工业废料、工业酒精废液、工业味精废液)等进行生产，成本低廉，经济效益很高；二是生长迅速，微生物合成蛋白质的能力要高于动物和植物数十倍、上百倍，挑选一些适当的微生物进行工厂化生产，能够获得大量的生物量，可提供丰富的食物来源。白色农业目前已形成微生物食品、微生物饲料、微生物肥料、微生物药物、微生物能源及微生物生态环境保护剂等6个方面的产业，随着现代科技的发展，将来还会出现更多的白色农业新产业。

实现农业微生物资源的合理开发利用，创建节土、节水、不污染环境及资源可循环利用的新型工业化农业，必将给21世纪的农业带来崭新的局面。绿色农业、白色农业和蓝色农业，即"三色农业"的建成，将变革传统农业露天生长的"单相形态"的生产模式，演进为"多相形态"的生产模式，即绿色"露天农业"与白色"工厂农业"并存，绿色、白色"陆地农业"与蓝色海洋"水生农业"共兴。农业"多相形态"生产模式的实现，将是人类社会历史上具有划时代意义的伟大变革。

食物科技大革命

设施农业

20世纪是世界农业获得奇迹般发展的世纪，发达国家纷纷实现了农业现代化，发展中国家也正处在由传统农业向现代农业转变过程中的不同阶段，其重要标志之一就是农业与工程的密切联系程度，农业需要工程，从事农业工作的人们开始具备"工程"意识，于是设施农业思潮很快被人们接受并日益受到重视。

设施农业就是通过利用人工建造的设施来调节生物体生活的环境，使之最适合进行农业生产。其主要模式有：①简易覆盖型，主要使用塑料薄膜，进行地膜或拱膜加草苫覆盖，可以调节小环境的温度和湿度，促进生长；②普通设施型，使用塑料大棚、地窖、废矿坑、房屋等进行蔬菜生产、动物养殖、食用菌培育等农业生产活动；③现代设施型，设专门的生产车间，采取工厂化的生产流程，从种苗的繁育到产品的加工等，进行一体化、产业化操作。设施农业的内容十分丰富，主要有：①设施种植业，如温室栽培、塑料大棚栽培、无土栽培等；②设施畜牧业，如畜禽舍、养殖场及草场建设等；③农畜产品贮藏保鲜设施，如地窖、冷库等；④环境调节控制设施，如地膜覆盖、温室和畜舍外补光、加温、通风、微滴灌、二氧化碳施肥设备以及产品贮运中气调、冷藏设备等。

设施农业是我国农业资源高效利用的重要途径，在我国具有广阔的发展前景。设施农业在可控条件下，产品品质好，单位面积产量、产值数倍于大田露地生产，可谓是高产、高效、优质的农业生产。在我国资源有限的情况下，建立在现代科学技术进步基础上的设施农业必将促进我国农业走向集约持续发展之路，并最终促使我国农业实现由传统农业向现代化农业的飞跃。

有机农业

有机农业的概念于20世纪20年代首先在法国和瑞士提出，最初起源于使用天然的有机肥料和生物防治技术来维持土地的肥沃和减少化学污染。1936年，日本人冈田奇茂提出以自然农法生产的食品来维护人体健康。1947年，美国人罗尔德创立了土壤与健康基金会，主张用有机质培育土壤，来生产对人体健康有益的食品。近年来，农业环境保护已经成为一股世界潮流，特别是过度使用化学肥料和农药对生态环境所造成的危害已经受到越来越多的国家和政府的重视。为此，一些发达国家倡导推广有机农业，目的是要兼顾到农业生产和生态环境的相容，以实现农业的永久经营。

有机农业是一种完全不用化学肥料、农药、生长调节剂、畜禽饲料添加剂等合成物质，也不使用基因工程生物及其产物的生产体系，其核心是建立和恢复农业生态系统的生物多样性和良性循环，以维持农业的可持续发展。

有机农业的特点，一是天然性，有机农业是一种完全不用人工合成的肥料、农药、生长调节剂的农业生产体系。发展有机农业，可以有效地解决当前农业生产日益加剧的化肥、农药施用给环境带来的污染问题，是实现农业可持续发展的重要途径之一。二是安全性，有机农业生产体系的产品，按照规定的程序和标准加工成的有机食品，解决了当前农产品中的农药等有害物质的残留问题，适应了人们对农产品卫生、安全、营养的消费需求，有利于增强农产品的市场竞争力，更好地打开国际市场。

质量农业

质量农业是在传统的数量农业受到严峻挑战的现实背景下提出来

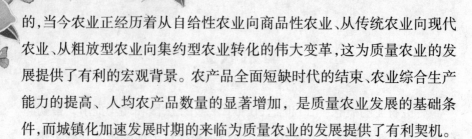

的，当今农业正经历着从自给性农业向商品性农业、从传统农业向现代农业、从粗放型农业向集约型农业转化的伟大变革，这为质量农业的发展提供了有利的宏观背景。农产品全面短缺时代的结束、农业综合生产能力的提高、人均农产品数量的显著增加，是质量农业发展的基础条件，而城镇化加速发展时期的来临为质量农业的发展提供了有利契机。

质量农业又叫精致农业，是一种技术密集、资金密集型农业，相对于追求产量目标的数量农业而言，质量农业是以农产品品质高级化和农业生产结构高度化为核心、以追求更高的经济回报为目标、以技术和管理创新为推动力的开放性农业。质量农业以数量农业为基础，但其内涵却远远超出了数量农业的范畴，其注重农产品质量的提高，主要体现在：①农产品品质的高级化，在适口性、色泽、营养成分、保健等各个方面适应市场需求的要求，更加顺应人们的消费习惯；②改进生产设施，改进加工技术和储运技术，农业生产不再仅仅是提供简单的农产品，而是包括深加工、提高附加值；③严格在卫生、检疫及商品检验等方面的质量标准，实行"从田间到餐桌"的全程质量管理，确保没有污染，对人体绝对无害；④以科技和管理创新为动力，通过提高农产品的质量，创建名牌，在市场中才能立于不败之地。上述几种新型农业模式将成为今后农业发展的主要方向，这与一些报刊报道的几种农业发展模式是统一的。如绿色农业是以有机农业模式为主，注重健康与环保的农业综合模式；订单农业、工厂化农业及农产工厂的农业模式则是以设施农业和质量农业为主，增加了农产品的生产、加工、销售以及期货买卖环节，优化农业人口的分工结构，增加就业，创造更高的附加值；而旅游农业、特色农业(包括花卉、草坪种植)则是城市农业的发展与延伸。

数字农业的发展

"数字农业与农村信息化"发展战略研讨会上,科技部、农业部、水利部、国家林业局、中国科学院等部门的近百位专家各抒己见,发表了各种有益的意见。

"数字农业"是利用信息技术全面促进农业、农村可持续发展,建设现代化农业重要的科学支撑技术。"数字农业"的内容主要包括农业要素、农业过程及农业管理的数字信息化。"数字农业"是农业信息化的核心,也是农业信息化的具体展现形式。与会专家认为,发展"数字农业"及相关技术,将会使我国农业从依靠经验为主的传统产业,转变为依靠高新技术的现代产业,对不断解放和发展农村生产力,大力推进农业和农村经济结构战略性调整,提高农业综合生产能力和可持续发展能力,统筹城乡经济社会发展、推进农村小康社会建设等,都具有重要意义。

与会专家充分肯定了我国在这方面取得的成绩。从1990年开始,"863计划"智能计算机主题连续支持"农业智能应用系统"的研究与应用,推出了5个具有较高水平的农业专家系统开发平台;开发出"高产型"、"经济型"、"优质型"的实用农业专家系统200多个,在全国22个示范区应用,取得了显著的经济社会效益。

"十五"期间,科技部等部门将继续加大对以"数字农业"为主要内容的农业信息技术研究的投入,以"精准农业"、"虚拟农业"、"智能农业"和"网络农业"等内容为切入点,组织实施"数字农业科技行动"。通过该行动的实施,突破一批"数字农业"关键技术,建立数字农业技术平台,开发国家农业信息资源数据库,研究开发一批实用性强的农业信息服务系统,初步构建我国"数字农业"的技术框架,加速我国农业信息化进程。

食物科技大革命

发达国家农业经营方式及转变趋势

发达国家在农业生产中大多采用集约经营方式，集中表现在对机械化操作、农资生产和能源再生的投入。这些年来，国外理论界将农业的出路寄托在生态农业上，大批学者投入到对生态农业具体模式的研究和探索中，以求农业的持续发展。

设施农业

所谓设施农业，是在有限的面积上通过建立设施，用最可靠的做法控制生长环境，让作物产量最高、周期周转最快、品质按市场需求来组织农业生产。

搞设施农业的国家，往往是一些耕地资源缺少、财力较雄厚的国家，如以色列和日本。因为在耕地上建立大量的设施需要巨额投资，对于耕地资源丰富的国家，就不选择这种方式；对于耕地资源缺乏、财力也不足的国家，同样不能大规模搞设施农业建设。例如我国干旱半干旱的耕地占相当大的比例，如能在这些地区发展滴灌，则可大幅度提高农产品供给量。但就我国的财力来看，大面积推广财力尚不允许。园艺农业是通过投入较多的技术和人力，进行精细经营，使农业生产就像种植花木一样精致。园艺农业是通过使用更多的技术和人力来提高土地生产力。更多技术的运用是更多人力运用的前提，没有更多技术的采用，

农业就无法吸纳更多的劳动力。劳动力的简单叠加和重复只能是一种无益于土地生产力提高的无效劳动。因此园艺农业是依靠科学技术来丰富农业生产活动内涵的,从而使其对劳动力的需求增加。

发达国家的园艺农业主要应用在珍贵花卉、蔬菜的种植上,大众化的农作物极少使用园艺农业这种经营方式,因为用大量人力生产价格低廉的农产品,只能因为成本过高而导致亏损。但我国恰好相反,劳动力出现严重过剩,劳动力的机会成本也就很低,将大量闲置的劳动力引导到创造财富中去,不失为一种好的选择。

间作套种

间作套种是充分利用生物生长时间和生长空间,提高产出量。具体有四种方式:①混作。同时种植两种作物,没有明显的行排列。②行间作。同时种植两种或多种作物,并以行排列种植。③带间作。同时种植两种或多种作物,但以不同的带排列种植,带的宽窄要以能独立耕作、作物之间不受农艺影响为限。④套种。部分时间同时种植两种或多种作物,第二种作物种在第一种作物生长的再生产阶段,但还未收获。

间作套种是一种比较古老的耕作方式,一些发达国家经历了集约经营之后,再次运用这种耕作方式,反映了人们在追求单产提高方面的反复实践。当然,由于科学技术尤其是生态技术的发展,今天的间作套种比过去的更科学,也更复杂。

持续农业

持续农业主要强调农业发展的持续性,它是针对集约经营的负面

128

影响提出的。集约经营虽然具有比较高的效率，但却造成了环境污染以及有限资源的过量消耗，给农业的进一步发展带来了困难，于是人们想寻找一种不造成环境污染且能使农业生产持续良性进行的经营方式。人们把这种经营方式叫做持续农业。为了使农业能持续发展，国外通常采取以下几种措施：①多施有机肥，少施无机肥，且在有机肥方面已突破了传统的人畜粪、绿肥，可以进行人工合成；②尽量少使用化学农药而多采用生物农药；③多运用生态技术，少应用机械技术；④进行污染治理；⑤寻找新能源，以防常规能源有朝一日被消耗殆尽。持续农业反映了人们向生态农业的一种努力，是人们对生态农业的初步探索。

那么，发达国家农业选择哪些具体经营方式呢？

（1）日本人多地少，很重视土地生产力的提高。为了鼓励生产者提高单产，设有全日本水稻产量最高奖，而且评奖程序特别严格。实行高投入高产出的方法，即通过大量的物质投入来谋求高产。其机械化程度相当高。

（2）英国政府非常重视科技推广工作。政府认识到科学技术不仅能点石成金，更能把潜在的生产力变为现实的生产力。为了加速科技成果的转化应用，英国政府在全国各地都设立了农业技术训练中心，大规模地、长期性地培训农业技术人员，力求用科学技术提高单位面积产量。

（3）德国提倡机械技术与生物技术并举。由于德国的人力资源比较缺乏，而生物技术较为先进，因此德国采用机械技术解决生产效率问题，用生物技术提高单产。

（4）美国和意大利主要是走机械化道路。这不仅因为他们人少地多，而且国家财力雄厚。同时，它们也很重视生物技术和其他科学技术的推广应用，以谋求单产的提高。

（5）匈牙利在大力发展农业机械化的同时，非常重视农作物和畜禽

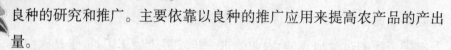

良种的研究和推广。主要依靠以良种的推广应用来提高农产品的产出量。

（6）法国在农业上强调更好地使用人力资源。要求农业生产者要有一定的专业技术知识。只有掌握一定专业技术的务农人员才能获得从事农业生产所需的贷款及政府提供的各种优惠政策，实质上就是做到人尽其才。

尽管各国由于各自的条件不同，在具体做法上有一定的差异，但在合理利用资源和积极推广科学技术这两方面是相同的。这也是世界农业发展的总趋势。

世界转基因作物发展

基本情况

    自从 1985 年人类首次试种能够抵御害虫、病毒和细菌侵害的转基因作物以来，全球共有 40 多个国家进行试种，1996 年，世界转基因作物种植总面积仅为 170 万公顷，而到 2000 年就迅速增长至 4420 万公顷，占世界总耕地面积的 2%。主要种植国家为美国、加拿大、阿根廷和中国，其他国家极少种植。目前，全球种植的主要转基因作物有 4 种，即玉米、棉花、大豆和加拿大菜籽。这 4 种转基因作物的种植面积 1998 年占全球转基因作物种植总面积的 99%。其他转基因作物包括烟草、番木瓜、土豆、西红柿、亚麻、向日葵、香蕉和瓜菜类。从性能上区别，转基因作物分为 4 个种类：一是苏云金杆菌(Bt)作物，可抵御害虫的侵害，减少杀虫剂的使用量，该种作物可产生一种对某些害虫有毒性的蛋白，这种蛋白存在于常见的土壤细菌——芽孢杆菌属苏云金杆菌(即 Bt)之中；二是抗除草剂作物；三是抗疾病作物；四是营养增强型作物，可提供更高含量的营养和维生素。

    全球转基因作物的生产在近 10 年中得到迅猛发展，但是有关转基因作物的神话正在破灭之中。全球许多公司用于转基因作物研究的投资比 5 年之前下降了 5%~7%，所获取的利润数额增长缓慢，各国正在制定越来越严格的有关转基因作物标签和进口的法律规定，本来可望给人类带来健康好处的转基因作物的全面推广仍是遥遥无期，预计今后数年中不会出现很大的新市场。转基因作物业的前景确实不如3年前那样明朗。造成这种情况的主要原因之一，是转基因作物业人士高估了转基因作物的进步性，低估了消费者的抗拒性。

探讨的焦点

对转基因作物首先表示反对并且态度最坚定的是环境保护主义者。他们的观点是，转基因作物可能会不可挽回地打破大自然的平衡。因此，他们要求在尚未完全了解转基因作物对植物群、动物群和人类的潜在影响之前，暂停生产和营销转基因作物。

反对转基因作物的还有消费者组织。自从发生疯牛病和其他与食品相关的骇人事件之后，欧洲人对食品安全问题就一直非常敏感，因此强烈反对转基因作物。他们要求获得消费者可自由选择的权利，并由此要求对食品中的转基因作物含量实施明确的标签做法。欧洲委员会已经决定满足这一要求。

面对上述反对呼声，各国政府纷纷求助于科学界，结果发现，迄今为止没有证据表明，转基因作物对公众健康或者环境有任何重大的负面影响。各国政府正在加紧有关科学论证，以进一步完善有关决策体系。

联合国、各转基因作物公司和大部分科学家认为，转基因作物可以减少发展中国家饥饿情况的发生。持反对意见的人士则认为，世界上确实存在饥饿，但不存在粮食短缺，转基因作物是为富有世界服务的。任何转基因作物经营者不会为穷国生产新品种，除非为其产品找到新的

市场出路。

美国的分析家对以下情况表示了极大的担心：转基因作物在正式种植了 10 年之后仍然只是一种北美洲现象，与此同时世界其余地区却变得越来越谨小慎微。敦促欧盟取消其已经实施 5 年之久的对种植转基因作物的禁令，是推动转基因作物发展的关键。欧盟于 2001 年 7 月所宣布的法律草案将允许进口转基因成分占 1%的常规粮食；但是，在允许种植新型转基因作物的同时，该法律却将种植转基因作物和种植常规作物土地之间的隔离区增加至 3 英里，这实际上会杜绝绝大多数的农场主种植转基因作物。有关转基因作物公司估计会进行游说活动，以争取放宽这些限制。

存在的疑虑

美国政府和农场组织承认，转基因作物已经使其粮食出口受到严重冲击。欧洲、日本、韩国以及中国台湾等都已经在很大程度上从巴西和中国购买非转基因玉米和大豆，而不再从美国进口。美国农业部最近将其玉米出口预测降低了 5000 万蒲式耳，原因就是人们不接受转基因作物。

与此同时，有关试种转基因作物法规的不确定性正在导致一些欧洲的生物技术和种子公司将其研究的重点转向北美洲。这些公司声称，农场主对转基因作物的性能和获利性还是相当满意的，但是有关转基因作物的全球性谨慎态度已经使得原本是生物技术的支持者也对转基因作物产生了疑问。

在欧洲人们对种植转基因作物的反对呼声越来越高涨的同时，美国消费者对各种种植转基因作物的支持程度也在不断下降。未来前景

食物科技大革命

分析与世界上出现的任何新生事物一样，转基因作物的发展决不会一帆风顺，但是前途依然是光明的。

第一，与全球情况相反，美国转基因作物的种植面积仍然处在不断增长之中，比5年前增加了24倍。通过美国的示范作用和人类对相关知识的进一步了解和掌握，转基因作物可以带来的好处肯定会被人们逐步所认可。

第二，世界转基因作物业已说服几乎所有的国家政府和世界组织支持这一正在激烈争议之中的生物技术。单就2001年7月而言，联合国发表声明称，转基因作物可以给发展中国家带来巨大的好处；欧盟首次采取了措施以结束其对种植转基因作物的禁令；英国下令批准进行30多种主要的试种计划，以为商业性种植转基因作物作准备；新西兰政府也对转基因作物表示坚决支持。

第三，随着生物技术的不断完善，数年后肯定会出现可以同时给农场主和消费者都带来巨大好处的新型转基因作物品种。在真实的实惠面前，全球的消费者肯定会完全接受转基因作物。

第四，世界各国的相关法律强化了对转基因作物的管理，但是并不是绝对禁止。世界各国的共性在于：强化管理的根本目的是确保转基因作物得到健康有序的发展。

经济分析家预测，转基因食品市场将得到恢复，其销售额在2010年将达到250亿美元。目前，全球没有经过基因改造的营养改良食品的销售额已经上升到650亿美元。如果生物经济的其他因素，如卫生、人体健康、食品、环境卫生和高度专业的制造技术等也得到发展的话，那么以生物学和生物技术为基础的生物经济产品的销售额可望在30年内超过15万亿美元，成为世界上最强大的经济力量，甚至超过以信息为基础的信息经济。

植物增产的秘密

世界上果真有"神药"、"神水"吗?稍有点科学常识的人恐怕不会相信。然而科学技术发展到今天,仍有些现象令人不解——在作物上喷上一点儿某某剂,作物便会在几天内长得又绿又壮;将树苗的根蘸上点某某粉,树苗在缺雨少墒的条件下也能成活……老百姓把这些具有神奇作用的药剂称之为"神药"、"神水",科学家则称之为植物生长调节剂。

20世纪初,科学家根据植物生长的规律和需要,发明了"秘密武器"植物生长调节剂。这个"秘密武器"为什么能促使作物增产呢?施用调节剂就是通过这种化学合成物质的处理,改变植物体内调节、控制其生长的激素系统,从而达到控制作物生长的目的,促使作物生长得更加茂盛,果实更加丰硕。换句话说,其实质是人们通过化学手段可以控制、调节着作物的生长,掌握着收获的丰收。

特异的现象

1880年,英国生物学家达尔文发现了一个奇怪的现象:他在研究胚芽的向光运动时注意到,如果用锡纸把胚芽顶部罩住,胚芽就像人被黑面罩蒙住了眼睛一样,无法辨别光源方向,也就是说失去了向光运动的能力。由此,达尔文提出了这样的假设:在幼苗的尖端有某种物质,在光的作用下,这种物质可以到达幼苗的下部,引起其向一边的生长和弯

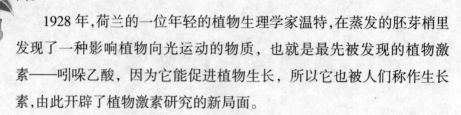

曲。

1928 年,荷兰的一位年轻的植物生理学家温特,在蒸发的胚芽梢里发现了一种影响植物向光运动的物质,也就是最先被发现的植物激素——吲哚乙酸,因为它能促进植物生长,所以它也被人们称作生长素,由此开辟了植物激素研究的新局面。

可以说,从 20 世纪 30 年代植物激素的研究自生长素开始,进入 40 年代以后,在世界上形成了一个研究生长素的高潮,逐步确立了植物体内的五大激素:生长素(Auxin)、赤霉素(Gibbe rellin)、细胞分裂素(Cy-tokinin)、脱落酸(Abscisic acid)、乙烯 (Ethylene)。前三类是具有显著促进生长发育的物质,脱落酸是一种同时具有促进和抑制生长发育的物质,而乙烯则主要是一种促进器官成熟的物质。自从研究确定植物的生长和发育是由植物自身产生的激素控制以来,渐渐形成了改变植物内部激素系统的化合物——植物生长调节剂,以影响作物生育的概念,从而产生了化学调控技术。

20 世纪 30 年代初发现植物生长素后,有人将生长素类化合物在柑橘插枝上应用以促进生根。40 年代,合成了多种生长素类调节剂,扩大了化学调控技术在农作物上的应用。70 年代以来,化学调控技术已在多种经济作物、粮食作物、园艺作物、观赏植物上得到大量应用。目前,人工合成的植物生长调节剂名目繁多,至少不下 100 种。

揭秘植物生长调节剂

我们仍以五大类植物激素为例,其共性是,首先这些植物激素都是在植物不同生长发育阶段,由植物自身合成的内源激素;其次这些植物激素只需很低的浓度,就可对植物生长发育产生很大影响;再次植物激素由产生的部位,被输送到特定的部位细胞中发生作用。但这五大激素的具体生理作用却各有特点。

生长素的生理作用:①促进细胞伸长生长;②促进插枝生根;③引起植物向光生长;④促进器官形成;⑤维持顶端优势;⑥诱导产生无籽果实。

赤霉素的生理作用:①促进细胞的伸长和分裂;②促进植物茎叶强烈生长;③打破休眠,促进种子萌发;④诱导开花结实;⑤促进坐果和果实生产;⑥控制性别,诱导雌花产生。

细胞分裂素:①促进细胞分裂和组织分化;②抑制茎切断和根薄壁细胞的伸长;③加速蛋白质合成延缓衰老;④促进同化物质运输。

脱落酸:①明显促进叶片脱落;②诱导芽和种子休眠;③抑制花芽形成和开花;④调节气孔关闭。

乙烯:①叶柄偏上性反应;②催熟果实;③促进脱落和衰老;④打破休眠和促进发芽生根;⑤控制性别;⑥刺激伤流液分泌。

五大类不同的植物激素表现出不同的生理作用,但亦表现出类似相同作用。每一类植物激素都有多方面的作用,都会在植物的一生或某一生长发育阶段发挥作用。有趣的是,虽然在植物组织内各种激素是同时存在的,但它们相互配合、彼此制约地调节与平衡植物生长发育的速度。例如,当生长素和细胞分裂素共同作用时,就能促进细胞的分裂和伸长;当细胞分裂素的浓度大于生长素时,能诱导芽的形成;当两者浓度相当时,愈伤组织只生长不分化;相反,生长素的浓度大于细胞分裂素时,则开始有长根的趋势。

因而在应用时,就需要根据各类植物激素的不同特性和浓度,分别应用,这样才能有效调节和控制植物的生长发育。

食物科技大革命

植物生长与农业应用

疏花疏叶

走进果园,当你看到满树盛开着稠密的花朵,技术人员会告诉你需要采取一项农业技术措施——疏花。即用剪刀去掉一部分花朵,这是为什么?这是因为花太多了,虽然结果多,但是每个果却长不大。通过疏花措施,减少果实,使有限的养料集中在保留的果实上,自然它就长大了,品质也更好了,有利于增产增收。但人工疏花是一项细致的农活,现在已普遍被植物生长调节剂代替。目前,普遍采用的是在果树上喷洒 α-萘乙酸等物质,一些长势弱的小花,便会自行脱落。

此外,植物生长调节剂还可以帮助疏叶,在棉花收获前十几天,喷洒氯酸镁等制剂,棉叶则大部分脱落,便于机械采收。

防止脱落

"瓜熟蒂落",然而如果还没等采收便落果满地则也是问题。特别是遇到大风天气,果实纷纷脱落、坠地、损伤、腐烂,难免会造成减产减收。这是因为当果实成熟时,果柄细胞开始衰老,新陈代谢减慢,在果柄的基部形成了一层"离层",这"离层"好像把果柄齐根切断,一旦遇风袭

击,近"离层"处的细胞很容易断裂,造成坠果。

　　如果利用与植物和平共处的调节剂在果园叶面喷施，便可使落果至少减少一半,在荔枝、柑橘、梨等果树上的应用效果最为显著。

防止发芽

　　对于一些适于贮藏的作物如马铃薯、洋葱等,在冬眠过程中往往会悄悄地发芽。马铃薯一旦发芽就会产生剧毒物质——龙葵碱,人食用后会中毒。利用植物生长调节剂使这个问题迎刃而解。因为像 α-萘乙酸和p-吲哚乙酸等物质,对于果实的发芽有强烈的抑制作用,每吨马铃薯只需要用 40~100 克的萘乙酸甲酯处理,效果就非常明显,无毒而安全,同样,用 0.25%的顺丁烯酸酰肼在洋葱收获前 20 天喷洒,葱头在贮藏期间都会老老实实地冬眠,不再发芽。

催熟果实

　　并不是所有的西红柿均能按期成熟,恰恰是成熟期很不一致，而且在采摘以前,成熟度很慢,人们不得不将一些还发青的西红柿一并摘下,这就大大降低了商品价值。应用植物生长调节剂,这个问题的解决轻而易举。人们发现，当果实开始成熟时，果肉中会产生一种气体——乙烯,如果把果实放在充满乙烯的环境中，果实便能很快地成

140

熟。由于乙烯是气体,使用起来不便,而采用人工合成的植物生长调节剂乙烯利就非常简单,按配比浓度将乙烯利用水稀释后喷施在水果上即可,它被果实吸收后,能促使果实释放出乙烯,达到催熟作用。

关闭气孔

在干旱状态下植物出现萎蔫,这时脱落酸含量升高,最高可以增加40~50倍,实际上脱落酸的含量只要加倍,就会引起气孔关闭,保存能量和水分,从而减少蒸腾作用并降低光合效率。而20世纪70年代末期发现的黄腐酸效果更好,它对气孔有明显的反应,减小气孔开张度可达50%左右,而且有效期可达20天左右,从而确保了进行光合作用的二氧化碳的含量,使光合作用加强,从而使抗旱节水增产效果更佳。

选择除草

"野火烧不尽,春风吹又生",杂草的顽强使人们不得不担负繁重的

体力劳动,不过这都是过去的事情了,今天人们只要运用植物生长调节剂就可以进行选择性的除草。如在禾本科类作物的农田中喷施2,4-D,宽叶杂草吸收后,其生长很快受到抑制而死亡,而稻、麦作物却安然无恙。那么如果用甲酰苯胺异

141

丙酯,它的作用和2,4-D恰恰相反,可选择性地杀灭宽叶作物里的禾本科杂草。

插枝插条

甘薯、花木、果树大多数依靠插枝的方法进行繁殖,被称之为无性繁殖。如松树、橡树、枞树、桦树、枫树等用扦插的枝条长出新根新芽繁衍。然而在移植苗木时,常常遇到一个令人伤脑筋的问题,那就是成活率低。为了使枝条尽快发根生长,采用植物生长调节剂会又一次大显威力。100万根插枝,仅用p-吲哚乙酸类的植物生长调节剂1千克,配制成十万分之一到百万分之一的β-吲哚乙酸溶液,经该液浸根24小时的松树苗木,移栽成活率为84%,而对照组仅为65%。

果实无籽

对一些绽开的花朵,用植物生长调节剂处理后,不用授粉也会结果,而且结出又大又甜的无籽果实,如无籽西瓜、无籽黄瓜、无籽南瓜、无籽西红柿和无核葡萄等。

142

植物激素

植物激素从发现到现在已经过 70 年的历程，除了五大类植物激素外，近年从植物、动物和微生物中又发现一些对植物生长发育有调节作用的物质，如油菜素内酯、三十烷醇、月光花素、半支莲醇、石蒜素等。至于人工合成的植物生长调节剂已有 100 多种，对植物的生长和发育全过程，直至每一阶段都能找到相应的生长调节剂。从诱导种子萌芽、生根，直到控制株型、促进开花、控制性别、促进坐果、催熟和防止或促进果实脱落、保鲜、化学除草、增强抗性等，几乎应用到所有的生产环节上。如休眠剂、打破休眠剂、促进生长剂、生长抑制剂、生根剂、增糖剂、催熟剂、增蛋白质剂、增脂剂、光呼吸抑制剂、杀雄剂、矮化剂、修剪剂、疏花疏果剂、坐果剂、防落果剂、性诱剂、抗蒸腾剂、防寒剂、抗冻剂、落叶剂、再诱变剂、增色剂、保种剂、抑芽剂、拒食剂、解毒剂等等，在农业生产中发挥越来越重要的作用。

更为重要的是，为了实现农业现代化的宏伟目标，而提出了高产、优质、高效的要求，要达到这个要求并不容易，需要高投入，而以高水肥、高密度和高复种为技术的超高产农业，既带来了高产的新希望，也产生或激化了许多新的问题。突出的是气象逆境易感、营养失调、缺素和光饱和等，并日益成为困扰农业现代化的主要障碍。

这些问题的解决，仅仅依靠品种和常规管理技术已远远不够，需要第三种因素的加入，这就是植物生长物质。通过农作物化学调控栽培工

食物科技大革命

程，向农作物输入某种物理信号或化学信号，从而调控作物的激素水平、修饰基因的表达、塑造理想的个体造型和群体发育进程，为解决上述问题和障碍提供了新的途径和手段。关键是把植物生长物质的应用作为一项必备的常规措施导入种植业，虽然这种物质的能量微不足道，但作为某种调节作物生长发育的生理信号，却足以使作物的生长发育发生极大的变化，并朝着高产、优质、高效的方向发展。从而形成品种、常规管理措施和植物生长物质三要素的全新栽培技术体系，使农业更接近现代化目标，其显著特点是工程的可调控性和技术的综合性。

我国在农业化学调控栽培工程上取得了重大突破和进展，突破了晚稻育壮秧的技术难题，1990年推广330多万公顷，增收稻谷12.5亿千克，增值7.5亿元。解决了油菜育秧高脚苗及冬季冻害难题，累计推广50多万公顷，增收油菜籽1.2亿千克，增值1.68亿元。1991年棉花化控面积达330多万公顷，累计增值20亿元以上。化控技术还解决了小麦高产密植倒伏、密植果园适龄不结果等许多过去难以解决的技术关键。

国外有人预言，新型化学调节剂的出现和成功应用，是第二次绿色革命的开始，是超高产农业的三项措施之一。美国早在1984年出版的《二十一世纪农业》一书中，就已将植物生长调节剂的广泛应用列为21世纪美国农业取得重大增产的新技术之首。而作为农业大国的中国，农业化控栽培工程取得了举世瞩目的成就，极大地推动了我国农业现代化的进程，并已成为20世纪90年代后我国农业技术的新潮流，展现了无限广阔的应用前景。

生物圈 2 号

20 世纪 90 年代初，美国在亚利桑那州图森市郊建成一个庞大的全封闭生物圈，建筑面积为 15800 平方米。里面模仿地球上的海洋、热带雨林、热带草原地带、沙漠地带、灌木丛地带、温带草原和作物集约耕作 7 个相对独立的区域。用现代化的方法生产粮食、蔬菜和水果等农产品，为在里面从事宇宙星球生态等方面研究的科学家提供食物。

就这样，第一批 8 名科学家进入里面，靠已有的农业设施，生产食物，自给自足，与世隔绝生活了足足 2 年。

他们的研究结果显示：尽管存在不少问题，但"生物圈 2 号"的作物产量能比地球高 16 倍！科学家将地球称为"生物圈 1 号"，而将类似设施状况的 3 号、4 号分别建在冰天雪地的南北两极，用以改善在恶劣环境下工作的科学家的生活条件。现在，许多国家在南极科学考察站，已经建造或准备建造类似设施供研究人员活动和生产食品。

这些奇迹就是通过无须繁重体力劳动，不看老天眼色的"工厂化农业"创造出来的。那么，"工厂化农业"是怎样发展起来的呢？

工厂化农业

"工厂化农业"是我国对人工控制环境农业的一种形象的叫法。
1994 年，原国家科委在启动"工厂化高效农业"重大科技产业示范

工程立项工作时首次提出,虽然在我国这是一个新概念,但就世界范围来说,却并不代表新事物。

此前,农业专家通常把"使用人工设施、人工控制环境因素,使植物获得最适宜的生长条件,从而延长生产季节,获得最佳产出"的农业生产方式称为设施农业,园艺专家称之为设施园艺,世界上大多数国家通常不把养殖业包括在设施农业范畴内。

由于现阶段的农业设施以温室为主要类型,美国等国家提出"温室产业"概念,实际上也就包含有"工厂化农业"的意思。

随着"工厂化高效农业"项目的实施,"工厂化农业"概念在我国已被广泛接受,虽然目前学术界和经济界都还没有一个统一的权威的定义,但其基本含义是指在可控环境条件下,采用工业化生产,实现农业集约高效及可持续发展的现代(或超前)生产方式。

航天上应用的植物生产技术,已进行了 20 多年的研究。美国宇航中心已经采用最先进的栽培技术,生产人类在太空中生活必需的食物,已获得成功。为了使人类能在太空中生存,美国肯尼迪航天中心与许多大学合作,主要的目的是在失重的条件下,以最小的面积,生产出充足的食物,支持人类在太空中长期生存。

最新研究结果表明:在太空每平方米面积可种植 10000 株小麦,而种 1.2 平方米的小麦就够供应一个人吃的面粉;玉米株高仅 40~50 厘米就成熟了;番茄每平方米能种 100~120 株,此外,还有绿豆、菜豆和马铃薯等作物均已试验成功。目前支持一个人在太空中生活,所种植的农产品包括麦、薯、豆、菜等,每人只需 6 平方米就够了,这些作物从种到收一般为 50~60 天。

以上述研究结果为基础的"生物圈 5 号",将准备发射到月球上,以解决人类长期在宇宙空间的生存问题,时间预计在 2020 年左右。在那

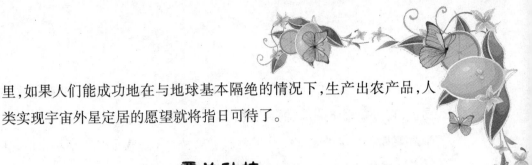

里,如果人们能成功地在与地球基本隔绝的情况下,生产出农产品,人类实现宇宙外星定居的愿望就将指日可待了。

覆盖种植

春种秋收,说的是要依据气候的变化来选择种植作物。冬天吃黄瓜、四季吃番茄,在过去很长时期以来,对大多数地区来说,只能是梦想。但聪明的人类,却善于将梦想变成事实。我国的覆盖栽培也有很悠久的历史。在距今 2000 多年的西汉时期,□胜之所著的农书《氾胜之书》中曾记载:"'子欲富,黄金覆',覆者,谓秋锄麦,曳柴壅麦根也。"在《汉书循吏传·召信臣》曾这样记载着:"太官园种冬生葱韭菜茹,覆以屋庑,昼夜燃蕴火,待温气乃生,信臣以为此皆不时之物"。从而开创了保护地栽培蔬菜的先河。

据蒋名川先生考证,宋度宗咸淳年间(1265~1274)《临安志》一书中,载有黄芽白菜贮藏法,"冬间取巨菜覆以草,积久而去其腐,叶黄白纤莹,故名黄菜"。元朝初期的《务本新书》介绍芥蓝栽培,有"至冬月以草覆其根,四月终结子可收作末根又生叶,又食一年"的记载。后来,西北甘肃等地方,利用卵石、沙砾等进行地面覆盖,种植的白兰瓜驰名中外。公元 1 世纪时,罗马帝国采用"透明石头"作为覆盖物来保护栽培黄瓜。16 世纪,有几项技术被用于园艺作物的越冬栽培。这些技术包括玻璃笼罩、钟形瓶覆盖、冷床和玻璃阳畦等。

17 世纪产生了用木材作支架和透明油纸作覆盖材料的保护地栽培方式,很像今天的小拱棚覆盖栽培。

在日本还用草苫加盖在透明油纸上保温。同一时期在法国、英国出现了用秸秆燃烧加温和玻璃覆盖的温室。第一座温室产生于 17 世纪,

它是用玻璃覆盖的一面坡温室。到 17 世纪末出现了有两面玻璃侧墙的温室，它主要用于甜瓜、葡萄、桃和草莓这些果树作物的栽培，而很少用于蔬菜栽培。这种方式的开发者似乎只是为了保持产品的市场价值，其产品只能供给那些能承受奢侈消费的权贵们享用。

进入工业化后，工业产品不断应用于农业领域，出现了新的革命性变化。1838 年，法国人莱达诺发明聚氯乙烯，1928 年，在美国进行了工业化生产，设施农业直到第二次世界大战后，塑料增加应用时才完全发展起来。

塑料薄膜首次在温室的应用是在 1948 年，是由肯塔基大学的埃米尔特教授完成的，他用价格低廉的材料取代了价格较贵的玻璃作温室覆盖物。埃米尔特教授被认为是美国的塑料薄膜应用之父，因为他开发了许多农用塑料应用技术。

1951 年，日本开始试验用塑料薄膜代替油纸和玻璃，在反季节的蔬菜栽培中应用，随后塑料薄膜被应用于许多国家的园艺作物生产上。

塑料薄膜覆盖栽培发展很快，而今，塑料薄膜覆盖的温室已遍及五大洲，尤其是在地中海地区、中国和日本等国家和地区。玻璃也是最普遍的覆盖材料，特别是在西北欧国家如荷兰、丹麦等国是一种重要的农业设施。美国除玻璃温室外，常用的覆盖材料还有玻璃纤维增强塑料板和聚碳酸酯硬板。

覆盖栽培的主要目的是要使植物生长在一个可以调控的相对隔离的范围内，以便于人为控制环境条件。这样可以减少自然气候对植物生长的影响。薄膜和玻璃都是透明物，可以自然采光采热。如果采用非透明的覆盖物，应根据作物的需要，进行完全的温度、光照等环境控制。

虽然温室、大棚等覆盖栽培与露地栽培相比取得了重大的进步，但20 世纪前半叶，温室栽培基本上是采用的土壤种植方式。由于土壤情况

比较复杂,人为控制土壤条件难度很大,而且土壤或者说适宜土壤并不是处处都有的,如果离开了土壤,作物是否还能进行正常生长呢?

无土栽培

早在 20 世纪 20 年代末,美国加利福尼亚大学格里克教授就采用无土栽培方法成功地生产了番茄,并取得较高的产量,单株番茄收获果实达 14 千克。所谓无土栽培,是指不用天然土壤,而采用营养液或其他精量方式,供应作物养分和水分的一种作物栽培方式。根据长期的生理学研究,人们逐渐认识到,植物的生长需要 16 种营养元素,只要将含有这些元素的肥料按照正确的比例配制成营养液来灌溉植物的根系,就能使植物正常生长。当营养液中各元素的比例达到最佳,并创造其他环境条件与之相配合时,植物就可以旺盛生长,并充分发挥其增产潜力。本书前面所提到的"生物圈 2 号"及美国宇航中心所取得的研究结果,就是充分采用了无土栽培技术。目前,即便是大面积普通温室生产,无土栽培所产生的高产效益也是令人惊异的。荷兰普通温室番茄、黄瓜每

食物科技大革命

149

平方米平均年产量能超过 50 千克以上。我国采用无土栽培方式的普通温室番茄、黄瓜年平方米产量也能超过 30 千克。

工厂化农业是一种现代化的集约农业，其基本特点就是要使农产品生产规范化，能够使作物充分增产并获得高品质的产品，尽量减少气候变化或土壤等方面原因而造成的影响，可以减少用工并实现关键环节的自动化管理，体现出高效益和可持续发展。

因此，真正的工厂化农业，应该包括无土栽培技术，没有无土栽培的工厂化农业是不完美的。

目前，作为现代十大技术之一的无土栽培技术，已被许多国家广泛地应用于农产品的工厂化生产中。美国在 20 世纪 50 年代就已经用无土栽培的方法种植蔬菜了；到 70 年代中期，新建的温室均已采用无土栽培；80 年代以来，温室已很难见到土壤栽培，几乎都被无土栽培所代替。

日本的植物工厂全部采用了水耕技术，新建的大型连栋温室也绝大部分采用了营养液栽培。欧盟曾规定，在 20 世纪末，所有成员国的现代温室要全部使用无土栽培方式，现已基本实现。

以色列地处中东沙漠地带，自然气候十分恶劣，因此十分重视工厂化农业的发展，其营养液滴灌技术独树一帜，在世界上处于领先水平。

我国的无土栽培技术的研究主要是从"七五"开始的，通过 10 余年的引进、消化、吸收、创新，形成了多种具有中国特色、适用中国国情的无土栽培技术体系，在"九五"全国大力发展工厂化农业期间，作为核心技术充分发挥出了重要的作用。

无土栽培给工厂化农业装上了有力的翅膀，必将带动工厂化农业展翅高飞。

食物科技大革命

控制技术

无土栽培要充分发挥其潜力还需要控制技术来保障。除无土栽培可以提供的养分和水分外,植物的生长还需要适宜的温度、光照、湿度、气体以及生物活动等条件。

冬季的寒冷、夏季的炎热,温度变化对植物生长状态有着极其重要的影响;太阳的辐射,随着四季的变化有着自身规律,光照的强弱及时间长短影响到植物的光合作用;温室的湿度的大小不仅会影响植物的生长,而且对病害的发生起着很关键的作用;植物的呼吸需要氧气,而二氧化碳是植物进行光合作用的主要原料;有害昆虫的活动将危害植物的生长,而有益昆虫会成为庄稼卫士,一些昆虫还是重要的授粉能手……

这些因子既相对独立,又互相影响,需要协调统一起来共同为植物的茁壮生长创造优良的条件。

工厂化农业的另一个核心内容就是要求能够对上述因子进行尽可能的人工控制,为此人们配备了许多调控设施。例如,加温暖气和降温空调,遮阳网纱和补光灯具,加湿装置和通风设备,二氧化碳施肥器,防虫网纱,粘虫黄板,丽蚜小蜂,授粉熊蜂等来满足植物的生长发育需要。人们可以根据实际需要、经济分析、应用目的等情况来加以选择使用。最初人们的控制设备及控制手段都是比较粗放和原始的,大多采用简易设备和人工操作,随着植物生理学的发展,人们逐渐取得更加精确的数据,对植物的认识也进一步深入,需要一些精细的材料和精密的手段来达到调控的目的。发达的工业满足了这些需要,而以计算机为代表的信息技术,更是为工厂化农业的发展绘制了宏伟蓝图。现代大型温室

151

食物科技大革命

中，所有环境因子如温、光、气、湿、热、营养液养分状况与温度、植物根部环境温湿度等因子的监测、传感、调节，都可以由计算机进行综合管理，实行自动控制。

国外先进温室，对室内外气温、风力、降雨等气象情况，室内空气温湿度、根际温度及水分、光照强度、二氧化碳浓度、营养液的酸碱度(pH值)、导电率(EC)和温度等环境参数，可利用计算机自动进行检测并实施控制。

有的系统还可监测叶面积指数、叶温、蒸腾量和长势等生物活体信息，对生物体的重量、大小、形态等进行非接触式和非破坏性监测，从而对温室灌溉、施肥、加热、降温、补光、保温、遮阳、二氧化碳浓度、加湿、除湿等作业进行综合控制。

甚至还有人研究根据产品市场价格变化的规律和作物生长规律，对作物的光合作用条件进行优化控制，以期获得最好的经济效益。

因此，从某种意义上说，控制技术的内容实际上就代表了农业的工厂化水平。

植物工厂

回头再看看为我们创造奇迹的"生物圈 2 号"，建在南北极的 3 号、4号以及要应用于航天领域的 5 号，它们集成了生物学、园艺栽培学、微气象与生态学、农业生物环境与能源工程学、土木工程学、测试技术与自动控制、计算机与信息科学、市场营销与经济学等多种学科领域中最先进的相关技术，实际上就代表现代工厂化农业的最高水平——植物工厂。

所谓植物工厂，通常被描述为"在完全密闭、智能化控制条件下，实

现按设计工艺流程全天候生产或周年均衡生产，工厂内的作业就是操作计算机"。工厂内所有环境因子参数，由计算机采集和分析处理，所有生产管理过程由计算机操作，使生产从播种到采收的全过程连续进行并高度自动化、流水化作业，实现全年连续的生产，完全摆脱了自然条件的限制，产量可达到通常水平的数十倍，开拓了生命科学新空间，最大限度地发挥了植物的生命力。

植物工厂，早在20世纪60年代初就开始进行试验研究。

1964年，奥地利开始试验一种塔式植物工厂(高30米、面积5000平方米)。该国鲁特纳公司的塔式植物工厂已在北欧、俄罗斯、中东一些国家采用。奥地利的一家番茄工厂，工作人员仅30名，平均日产番茄13.7吨，生产1千克番茄耗电9~10千瓦时，成本只有露地的60%。

1971年，丹麦也建成了绿叶菜工厂，快速生产独行菜、鸭儿芹、茼蒿等。

1974年，日本建成一座电子计算机调控的花卉蔬菜工厂，该厂由一栋二层的楼房(830平方米)和两栋栽培温室(每栋800平方米)构成，在一年内生产两茬郁金香、两茬鸢尾花、一茬番茄。计算机可按需要将一盘番茄(10~15株)调运到特制操作间，进行管理后调回原处，室内无菌化。至1998年，日本已有用于研究、展示、生产的植物工厂近40个，其中生产用植物工厂17个。

美国法依特法姆公司用完全控制工厂生产的生菜，从播种到收获仅用26天。

1998年2月，我国在北京四季青建成一座"水培蔬菜工厂"种植生菜、蕹菜等食叶类蔬菜，占地12公顷。车间是12个大水池，从南到北90米长，最南边的是未成年的苗，北边是"长大成人"的蔬菜。一棵苗走过这90米，一共是25天。

由于该工厂运用了统筹学，每天都有收获的蔬菜。1万平方米的车

食物科技大革命

间只有 4 个人生产。并且 1 米多深的水中养殖了名贵的俄罗斯鲜鱼,形成了水、蔬菜、鱼共生的生态体系。

目前深圳和北京也有类似的"水培蔬菜工厂",专门用于种植生菜。我国的这些植物工厂主要都是从国外引进的技术和设备,总的来说还处在试验阶段,并已仅限于种植简单叶菜,需要逐步进行消化、吸收与创新,建造出适合我国国情、广泛适用的本土植物工厂。

由于植物工厂的建造成本高,能源消耗大,效益比预期的要低,因而目前真正用于实际生产的还不多,可是随着科技的发展和时代的进步,植物工厂将在许多领域为人类活动做出贡献。

目前,美国、俄罗斯已具备载人航天技术,我国的"神舟"号飞船也已试飞成功,人类移居太空或到太空旅行已不再是梦想。到那时,植物工厂将有可能为人类在太空中生活提供赖以生存的食物资源。

现在地球人口已超过 60 亿,据估算地球的饱和人口为 80 亿,这是以现有的可耕地为基础估算的。但地球表面覆盖着大面积的沙漠,如果植物工厂可把沙漠变成绿洲,为人类提供更多的食物来源,那么地球的承载能力将比现在大得多。

食物科技大革命

信息技术与农业

电子计算机现在已经不再神秘了。农民只需敲打几下键盘，就可以在网上了解市场行情并获取各种农业信息。这样，原来闭塞的穷乡僻壤可与全国各地取得联系，甚至可以在网上访问世界。

电子计算机是 20 世纪的一项重大突破，它从 40 年代问世至今，一般每隔 8~10 年，其运行速度便提高 10 倍，性能增加 10 倍，而成本却降低 10 倍。在计算机研究与应用领域，世界先进国家开展着空前激烈的技术竞争。

计算机的应用几乎无处不在，计算机在农业上的应用正深入开展，犹如一股春风扑面而来，农业信息时代即将到来。

计算机与农业

计算机在农业上的应用，最早开始于 20 世纪 50 年代。美国农业部的 Fred Waugh 博士在 1952 年用计算机进行了饲料混合方面的工作。早期应用主要限于农业中的科学计算。20 世纪 60 年代至 70 年代，开展了农业数据库的研制和应用。80 年代以后，由于微机的普及和相应的技术开发，购置和使用计算机越来越方便，计算机农业应用得到进一步的发展。

世界各国都非常重视计算机技术在农业上的应用。早在 1984 年，

食物科技大革命

155

美国、加拿大、日本、泰国、法国和意大利等国代表，在印度新德里召开了"电子计算机在粮食生产和农业工程中的应用"国际会议，目的在于鼓励设计人员为农民设计可获得最大生产效益的低成本计算机。日本农林水产省组织多部门共同制定了农业信息处理开发计划；在美国农业部的 1986~1992 年农业研究纲要中，单独设立了计算机农业决策支持系统研究项目。

20 世纪 80 年代，随着计算机性能不断提高和软件资源逐步丰富，我国计算机农业应用进入全面发展阶段。在农业和农村经济发展领域，数据处理和专家系统研究出现高潮，生产过程自动控制系统开始起步，网络研究开发也提到议事日程，部分研究机构开始了地理信息系统的应用。

90 年代初期，在研究和开发方面，计算机农业应用已渗透到农业的各个学科，包括品种资源、栽培耕作、遗传育种、畜禽饲养、土壤肥料、农业灌溉、植物保护、农用机械、农业区划、农业经济、农业气象和农业科技信息等。许多农户亦开始购买和使用计算机。农业和农村发展方面的装机量和从业人员大幅度增加，据 1998 年底估计，装机量已超过 10 万台，应用人员已达数万人。

1997 年以后，我国农业发展呈现出从农业现代化走向农业信息化，从现代农业走向信息农业的大趋势。在这种大环境中，计算机的农业应用已经成为一股潮流，以不可阻挡之势向前迅速发展。

农业与数学

农业模型研究已有 40 多年历史，世界各国开发的农业模型，遍及宏观和微观的各个领域，涉及农业各方面的问题。其中作物—土壤—大

气系统模拟模型(作物模型)取得的进展尤为令人瞩目。

由美国农业部组织研究开发，综合了作物模型和专家系统技术的棉花管理软件，对改善管理能力有重要价值。

农业生产模型，是应用数学模型方法和计算机技术，分析农业生产的主要因素——气候、土壤、作物、社会、经济等，从而对农业生产进行定量研究。通过模型研究，可以在较短时间内，用较少的人力、物力和财力，得到可靠而优化的结果。模型并不与客观事物一一对应，它只是客观事物的一种简化形式，然而它比客观事物更易于确定和易于处理。

各国开发的农业生产模型，涉及多方面的问题，如：人口增长、资源利用、能源消耗、农业生态、农业结构、作物管理、畜牧饲养、病虫测报、农田灌溉和环境控制等。当前，作物模拟试验的质量和精度还不尽如人意，但模拟出的若干重要的物理、化学和生物学过程的基本特征已能同实际相吻合。

专家系统

世界上第一个农业专家系统产生于 20 世纪 70 年代末，美国伊利诺大学植物病理和计算机专家，开发成功大豆病害诊断专家系统。80 年代中期，形成了一股专家系统开发热。1980 年中国农业科学院蚕业所与浙江农业大学合作，进行了桑蚕育种专家系统的研究。随后又研制成功小麦施肥专家系统、小麦玉米品种选育专家系统、小麦生产微机模拟技术专家系统等，其中不少已达到国际先进水平和国内领先水平。

这些专家系统的应用在农业生产中发挥了很大作用，如北京市顺义、通县等 6 个产粮区县和 2 个国有农场，试验推广小麦计算机专家管理系统，结果小麦比对照增产 10%~15%，成本降低 5%~7%，效益增加

15%~20%。

农业专家系统，是把专家系统知识应用于农业领域的一项计算机技术。专家系统是人工智能的一个分支,主要目的是要使计算机在各个领域起人类专家的作用。它是一种智能程序子系统,内部具有大量专家水平的领域知识和经验，能利用仅人类专家可用的知识和解决问题的方法,来解决该领域的问题。它是一种计算机程序,可以用专家水平(有时超过专家)完成一般的、模拟人类的解题策略,并与这个问题所特有的实际知识和经验知识结合起来。

具体地说,农业专家系统是运用人工智能工程,总结和汇集农业领域的知识和技术、农业专家长期积累的大量宝贵经验以及通过试验获得的各种资料数据及数学模型等,建造的各种农业"电脑专家"计算机软件系统,是通常的计算机程序系统难以比拟的。

农业专家系统可以应用于农业的各个领域。例如,病虫草害防治专家系统,是针对作物不同时期的各种症状和不同环境条件,诊断可能出现的病虫草灾害,提出有效的防治方法;栽培管理专家系统,是在各个作物的不同生育期,根据不同的生态条件,进行科学的农事安排,其中包括栽培、施肥、灌水、植物保护等。其中的栽培部分包括品种选择、种子准备、整地、播种、田间管理与收获,优化它们之间的关系;施肥部分主要是优化肥料与产量之间的关系;水分管理部分主要是合理灌排,优化水分与产量的关系;植保部分主要是病虫草害的预测与控制。

农业专家系统来自专家经验,它们代替为数极少的专家群体,走向地头,进入农家,在各地具体指导农民种田,培训农业技术人员,把先进适用的农业技术直接交给广大农民。农业专家系统像"傻瓜"照相机那样,可以把农民的种田技术一下子提高到像专家那样的水平,这是科技普及的一项重大突破。

精准农业

精准农业是以地理信息系统、卫星定位系统、遥感技术和计算机自动控制系统为核心技术,按照田间每一操作单元的具体条件,精细准确地调整各项土壤和作物管理措施,最大限度地优化使用各项农业投入,以获得最高产量和最大经济效益,保护土地资源,改善农业生态环境。

精准农业由 10 个系统组成,即全球定位系统、农业信息采集系统、农田遥感监测系统、农田地理信息系统、农业专家系统、智能化农机具系统、环境监测系统、系统集成、网络化管理系统和培训系统,可以说是信息技术与农业生产全面结合的一种新型农业。它将农业带入数字和信息时代,是 21 世纪农业的重要发展方向。

精准农业发源于美国,据 1998 年对该国精准农业服务商和种子公司的调查显示:在他们的用户中有 82%进行土壤采样时使用地理信息系统,74%用地理信息系统绘图,38%的收割机带测产器,61%采用产量分析,77%应用精准农业技术。精准农业在英国、德国、法国、西班牙、澳大利亚等发达国家也在迅速发展。

中国农业有精耕细作的传统,但并不是精准农业。在中国实施精准农业,具有很大的难度。专家认为,应从引进、试验、示范开始,逐步扩大,在多点示范的基础上,形成中国特色的精准农业,并在部分地区形成实用化和产业化。

精准农业的核心是地理信息系统的应用,它是处理空间信息的软件系统,可用于组织、分析和图示同一区域内各种类型的空间信息资料。每一种信息可以组成一个地理信息系统的图层,不同图层的信息资料也可以通过分析组合成新的图层。应用地理信息系统,可以将土地边

食物科技大革命

界、土壤类型、地形地貌、排灌水系统、历年的土壤测试结果、化肥和农药等使用情况以及历年产量结果，做成各自的图层，通过对历年产量图的分析，可以看出田间产量变异情况，找出低产区域。然后通过产量图层和其他相关因素图层进行比较分析，找出影响产量的主要因素。在此基础上，制定出该地块的优化管理信息系统，用于精确指导当年的播种、施肥、除草、防治病虫害、中耕、灌水等管理措施。以施肥为例，按照某一地块的土壤测试结果、历年施肥历史和产量情况(图层)，制定出当季在不同位点上各种养分适宜施用量，做成地理信息施肥操作系统(图层)，然后转移到自动控制变量的施肥机上，实施该地块的自动变量平衡施肥。

农业遥感技术是遥感在农业中的应用。遥感是利用传感设备获得远距离外客体的信息，并加以识别和分类的技术。

通过高空间和高光谱分辨率，及时(平均 2~3 天一次)地提供农作物长势、水肥状况和病虫害情况，称之为"征兆图"。在精准农业上应用，供诊断、决策和估产等使用。为了实时地获取数据，需要反复利用航空遥感或利用各个小卫星，建立全球数据采集网。

20 世纪 90 年代以来，精准农业在欧美发达国家的发展已初具规模。在美国，以土地平坦、经营规模大的中西部大平原发展最快。自 1995年以来，国际上每年都要召开一次"精准农业学术讨论会"。美国、英国和加拿大还建立了精准农业研究中心。当前，精准农业技术在施肥上应用最为成熟。我们应根据国情、农情，研究开发适用的精准农业技术体系，推动农业生产持续、稳定地发展。

食物科技大革命

网络农业

计算机网络是计算机和通信技术相结合的产物。发达国家的农民已能远程直接存取大型数据库中的信息和共享大型机的软件资源。世界上最大的农业网络系统，是美国内布拉斯加的 Agent 联机网络，其用户遍布全美各州和加拿大等国。

信息网络化使远程观测、信息反馈、市场变化等多方面跟踪观测成为可能。采用计算机网络，迅速及时传递和交流信息，将促使农业行政、科研、教学、生产和企业走上现代管理的轨道。

在一个农业生产单位、一个农场或一个规模农户，可以建立一个小型局域信息网，设置一个网络管理中心，通过信息网把各个生产环节连成一个整体。这样，就可以使农业基础设施的运转、农业技术的操作、农业经营管理的运行，通过网络信息传输，全面实现自动化调节和控制。有了信息网，就可以把信息农业的内部连成整体并和外面网络连接起来，还可以应用空中和地面定位系统，控制农业系统的运行，自由地进行信息交流。

农业信息化建设是一项复杂的、知识高度密集的系统工程。掌握新兴的信息化和自动化技术，才能成为信息农业的经营管理者，信息时代的合格劳动者。

食物科技大革命

在美国俄亥俄州的特莱多市的一个农场，农场主维特尔独自经营着 6 公顷土地，他不雇帮工，用一台计算机进行管理。例如，当收割机在大田作业时，收割的时间、面积和粮食的水分等数据，都可以在计算机上显示出来，并储存在一个小小的智能卡上。用电脑系统对智能卡做处理，据此信息可找出具体地段产量高低的原因，然后再"对症下药"。他不仅用计算机搞经营管理，而且用它了解市场行情和及时获取各种农业信息。他上网采购、销售，做期货交易。

我国山东省高青县，为了帮助菜农打开蔬菜销售的"绿色通道"，1998 年与农业部农业信息中心微机联网，随时把农产品的生产情况、产品特点、产销服务做法等信息输送上网。通过网络，吸引了天津、太原、保定、石家庄等全国各地的大批客商前来联系蔬菜运销业务，使外销蔬菜达 200 多万千克，农民增加收入 10 多万元。在网上卖菜，不出家门就可以把蔬菜销售一空，成为当地农村一道亮丽的风景。

计算机化

21 世纪是计算机技术进入多媒体、大网络的时代，应用系统向网络化、集成化、综合化和智能化方向发展。所有这些技术手段将对农业产生极大的吸引力。它们在农业上的应用可能使农业系统内的数据采集和处理、农业生物过程的监测与描述获得突破性的进展，并可使农业生产和管理体系产生戏剧性的变化。

21 世纪的计算机应用将以知识处理为主。农业基层将是计算机应用的主战场，基层决策者的行为将更依赖于计算机网络所提供的决策信息。

21 世纪的农业管理者将时刻不离计算机，一系列辅助化的智能决

策系统,将构成农业管理人员的智囊团,他们对农业资源应用、生产发展和环境保护等问题进行运筹优化;计算机网络将在各个管理层次间高速地传递着管理信息。计算机在农业中的广泛应用,将使收入得到控制,使产出得到监测,且可适时对投入作出修正。在这个反馈循环中,农业系统发展的战略目标——高产、优质、高效及农业生态平衡,将可被最大限度地逼近。

数据库、模型库、方法库、知识库、实时控制和数字图像处理等多项技术的综合应用,成为农业科技人员的努力方向。如美国得克萨斯大学研究开发的"2000年计算机化的农场",主要目标就是为应用一切现成的、多方面的技术成果(包括通信、监测分析、模拟、专家系统和自动控制等)作出示范。

日本开发了第一个远程控制类型的柑橘温室控制系统,并投入实际应用。它具有资源共享、远程控制、数据加工、信息提供、监测报警、自动测定气象数据并存储等功能。我国在北京郊区等地进行的计算机技术综合应用试验,取得了很好的效果。

21世纪的农业将是计算机化的农业。

农业信息化

信息时代是以计算机、通信和信息技术为支撑的时代,联结信息社会的纽带是巨大的网络。全球将形成一种崭新的信息与通信网络系统,形成"地球村落"。信息产业、知识经济的飞跃发展,使农业生产的效率大幅度提高。

当前,中国农业正处在由传统农业向现代化农业转变的时期,未来在人均666.7平方米耕地上解决日益增长的吃穿问题,出路何在呢?出

食物科技大革命

路是以科学技术和信息及其物化了的设备工具和生产资料来武装农业，以高度的人类智慧来管理农业，使之在有限的土地上，不断提高生产率，取得更好的经济效益和生态效益。

　　作为世界上最多人口、最大的农业生产国，"新绿色革命"也是我们正在面对的机遇和挑战，我国的科学家为此做出了不懈的努力。现在，我国也处于转基因农作物大田试验较快的国家之列，转基因作物耕种面积已有一百多万亩，继美国、阿根廷、加拿大之后列第四位。到1998年底，我国已批准了6种转基因植物的商品化。

植物基因工程

　　DNA 重组技术是对植物进行基因工程操作的基础。值得庆幸的是，植物细胞有个很特殊的特性，叫全能性。什么叫全能性呢，是不是像我们体育比赛中的十项全能一样呢？其实，全能性是指任何一个单个植物细胞可以长成一株完整植株的能力。既然这样，那么经过基因工程改造过的单个植物细胞也可以长成一株完整的转基因植株，当这些转基因植株开花结果时，所改变的遗传性状就可以通过种子遗传给下一代植株了。

　　我们已经知道，从动植物或微生物中分离到我们想要的基因后，可以通过一个基因转移系统把它转移到植物细胞中去。由于植物细胞外有一层细胞壁，所以向植物细胞转移外源基因得采取一些特殊的方法和特殊的基因转移系统。目前在植物基因工程的实验室里用得最多的植物转基因方法主要有两种：农杆菌法和基因枪法。

农杆菌法

　　在自然界中有一种叫根癌农杆菌的细菌，顾名思义，它能使植物"生癌"，使植物产生一种叫冠瘿瘤的"恶性"肿瘤，干扰被侵染植物的正常生长。

　　根癌农杆菌能把植物细胞转化成肿瘤细胞，是因为它携带的一种

食物科技大革命

称为 Ti 的质粒在作怪。Ti 是 Tumor Inducing 的头两个字母,表示肿瘤诱导的意思。Ti 质粒有一段特殊作用的 DNA(基因),称为 T-DNA,这里的 T 是转移(Transfer)的意思,是说在细菌感染植物的时候,它能转移进入细胞中,并整合到植物的染色体上。它随着染色体一起复制,产生多种激素,使植物细胞内的激素发生紊乱,从而导致生成冠瘿瘤。

虽然根癌农杆菌对于植物来说是可恶的杀手,可对于科学家来说,它可以变害为利,为植物基因工程服务。由于根癌农杆菌把它自己的基因引入植物细胞,这便给人们以启示,我们也许可以用重组 DNA 技术,把那些控制高产、抗病、抗旱等优良性状的基因放到 T-DNA 中,替代那些肿瘤基因, 这样根癌农杆菌感染植物时引入植物细胞的就是那些对我们有用的优良基因,而不是那些捣乱的肿瘤基因了。后来的研究表明,这是完全可能的。现在,农杆菌已经成为颇受生物学家们青睐的一种细菌,它被誉为天然的"基因工程师",绝大多数的双子叶植物和部分单子叶植物都可以用根癌农杆菌法来进行基因转化。

Ti 实际上是经过科学家们"修修补补"后才派上用场的。人们先"删除"掉 Ti 质粒上那些用处不大的和有害的基因,例如,参与合成植物激素的基因和参与冠瘿瘤中一种叫冠瘿碱的物质的合成的基因;然后加上一些有用的基因,例如,使质粒在大肠杆菌中存活扩增的、可方便基因插入的单克隆位点。这样一来,改造后的 Ti 质粒在进行基因转移时效率就高得多了。

基因枪法

基因枪法是另一种科学家感兴趣的植物基因转移方法。

虽然根癌农杆菌转移基因的方法使用很广泛, 可是目前还有很多

食物科技大革命

植物不能使用这一方法,特别是单子叶植物,比如像小麦这样的重要农作物和像百合、郁金香这样的重要花卉都不能用这个方法。原因很简单,因为根癌农杆菌很少感染这些植物,因此只能想别的方法。目前科学家们倾向于使用基因枪法来代替农杆菌法,基因枪法没有单双子叶的限制,适用范围广,而且过程十分简单。说到基因枪,你的脑海里一定会呈现出这样一幅画面:科学家们将基因当做子弹,手举基因枪瞄准进行射击,只听"砰"的一声,基因就打进了细胞。其实还真像那么回事儿,只不过科学家们对基因做了些"包装",让它更适合做"子弹"。另外,基因枪也不像枪,它跟其他的科学仪器类似,有连接管、真空腔什么的。基因子弹是什么样的呢?原来,基因子弹的芯是一颗颗极微小的金粉或铅粉;芯的表面包被着一层 DNA。基因枪以火药爆炸力或压缩氦气为动力,"砰"的一声,基因子弹以 400 米每秒的速度(比声音还快呢!)穿透植物细胞壁,进入细胞里,包被在外层的基因便随之进入细胞。一旦进入细胞内部,这些基因就会以一种目前人们还不知道的方式插到植物的基因组中去。

从 1990 年起,各国的科学家便开始使用这种方法转移基因,成功地获得了很多转基因植株。前不久,我国的科学家也成功地将抗虫基因用基因枪转入了玉米细胞,并得到了转基因植株,还进行了大田栽培实验呢。

基因科学

　　显微镜下可以看见细胞，但是看不见细胞中更小的基因，那么科学家们怎样才能知道要转移的基因转移进了植物细胞中，并且插到了植物细胞的基因组中呢？

　　别着急，科学家们有一些得力的"报道员"来向他们汇报目的基因的行踪，它们就是报道基因。

　　科学家们事先将报道基因与要转移的基因连在一起，这样，要转移的基因走到哪里，这个报道基因也会走到哪里，并且这个基因报道员还会发出信号，于是转移基因的行踪，便尽在科学家的掌握之中。最常用的报道基因是来自于大肠杆菌的 CUS 基因，它编码一种植物里所没有的酶，这种酶可以使一种五色的化合物水解成蓝色，所以如果观察到植物中有蓝色反应就表明 GUS 基因转移成功，从而也就知道要转移的基因也转移成功了。最新开发出来的一种报道基因是从水母中分离得到的绿色荧光蛋白基因。深海中的水母之所以能发出神秘的柔光，就是这种蛋白起的作用。这种蛋白经一定波长的紫外光照射后，可以发出绿色荧光。当这种基因转入植物细胞时，我们只要打开紫外灯，在显微镜下观察发出绿色荧光的细胞，就是我们所期望得到的转移了基因的细胞了。原理就是这么简单。

植物病害

在自然界中，除猪笼草等少数捕虫的植物外，大多数植物绝对是"任人宰割"的弱者。它们时时刻刻暴露在各种威胁之下：牛羊和啮齿类动物会来啃它们，昆虫会来咬它们，还有数不清的病毒、细菌和真菌会不断地侵染它们。可怜的植物长在一个地方不能动弹，不像动物一遇到天敌可以逃跑；植物也不能像高等动物那样，利用自身免疫系统产生抗体和各种细胞因子来抵御病原微生物的侵袭。

为了生存，植物不得不依赖其他的方法来保护自己。在长期的过程中，植物发展出了两套防御机制，即被动防御和主动防御。我们知道植物细胞和动物细胞最大的不同就是植物细胞有着厚厚的细胞壁，有的植物细胞壁甚至有角质层、蜡质层，这些东西是病原微生物入侵的天然屏障，它们就像一堵厚厚的墙，把这些不速之客"拒之门外"。有的植物身上长着刺，让吃它的动物下不了口。还有的植物体内有抗真菌蛋白、凝集素等有毒的蛋白。这些都是植物被动防御的"招数"，真是"八仙过海，各显神通"。大家一定觉得奇怪，既然植物不会动，它怎么能进行主动防御呢(如果把被动防御比作防守的话，主动防御大概就是进攻了)。殊不知，我们常常在叶片上见到的枯斑，就是植物主动防御的战果呢！这些枯斑(也叫坏死斑)的产生，是因为植物发生了一种叫"超敏反应"的主动防御反应。当病毒、细菌或真菌感染了植物以后，感染部位的细胞迅速"自杀"，立即把病原微生物限制在感染的部位，让它无法扩散到周

围；紧接着，被感染植物的细胞开始启动合成一些特殊的蛋白，我们称为"病原相关蛋白"，或者合成一些有抗生素活性的物质来对付病原。整个防御过程，就像把敌人包围起来，打"歼灭战"。植物牺牲了部分叶片却阻止了病原微生物侵染全部植株，这些枯斑，就是值得我们肃然起敬的光荣的牺牲者。

然而尽管植物有这样多种的保护自己的办法，病毒、细菌和真菌等病原微生物仍然是使人们头痛的问题，就像尽管人类有着已经比较完善的免疫系统，可是仍受各种各样疾病的困扰一样。植物病害常常是造成农作物大幅度减产的主要原因。19 世纪中叶在欧洲流行的由真菌引起的马铃薯晚疫病，导致约 100 万人的生命面临饥饿的威胁，约 200 万人逃离家园。植物病毒也给经济作物和粮食作物的生产造成了很大的损失，我国仅烟草和蔬菜每年因病毒侵染造成的损失就超过亿元。

科学家们一直在努力培育转基因的抗病农作物来防治病原微生物的侵袭。

目前，抗病毒的植物基因工程已经得到了较为广泛的应用。这一工程在 1986 年首次获得成功，美国科学家 Beachy 领导的实验室首次培育出了抗病毒的新植物品种，他们将烟草花叶病毒的外壳蛋白基因转入烟草，结果发现转了这个基因的烟草在一定程度上降低阻滞了病毒的侵染，而且还使植物延迟发病 12~30 天。他们进行的转基因西红柿实验也取得了成功。此后这个方法又普及应用到了马铃薯、苜蓿等植物上。

让我们来看看 Beachy 等科学家是怎样让植物不再受病毒的欺侮。

这个我们肉眼看不到的，形状为圆柱形的并长满了"鳞片"的病毒，英文名字叫 TMV，它是专门侵染植物的"杀手"。它其实只是由里面的遗传物质 RNA 和包裹在外面的蛋白质外衣(我们看到的"鳞片")所组成。在它侵染植物的时候，它会先脱掉这层外衣，好得到"自由"，然后在细

食物科技大革命

胞里猖狂行事,进行复制、组装等勾当,不一会儿,受伤的细胞中就会出现许许多多它复制出来的"同伙",一起对细胞进行破坏。

Beachy 他们试着把表达这些"外衣"的基因转到植物里,在植物的细胞里就会出现很多这样的"外衣"。奇迹出现了,这些植物居然可以不怕烟草花叶病毒的侵染了!虽然直到现在,我们仍然弄不清楚为什么这些转入的基因表达出来的蛋白质外衣可以使植物安然无恙,但一个直观的猜想可以呈现于我们的脑海中。脱掉了外衣的病毒进入细胞,他可不想再穿上外衣,可是细胞里到处都是这样的外衣,病毒不停地碰上这些对它正好合适的外衣,没准哪一次就又穿上了。穿上了外衣的病毒手脚就不那么灵便,行动就不那么自由,它只好乖乖地待在那里,不能乱动了。

随后科学家们又发展出了许多不同的方法来获得转基因的抗病毒植物。尽管用这些方法得到的转基因植物通常不能获得对病毒的完全抗性,但能减轻病毒的症状,或推迟发病的时间,这已经是很大的成功了。在我国,转入烟草花叶病毒外壳蛋白的抗病毒烟草已在进行田间试验,抗病毒的甜椒和西红柿也已经商品化,这些作物增产效果明显,证实了这种方法的可行性。

相对于抗病毒的植物基因工程而言,在利用基因工程的方法增强对细菌病和真菌病的抗性方面,除少数成功的例子外,大部分基本上还处于实验室阶段。令人高兴的是,20 世纪 90 年代以来,短短的几年时间内,科学家们已成功地克隆到一些植物的抗病基因,为抗病基因在生产中的应用带来了新的前景。目前,人们已从玉米、西红柿、拟南芥、烟草、水稻、甜菜等植物中分离到了 16 个抗病基因,这些抗病基因包括对病毒、真菌、细菌的抗性,它们可以转入植物,得到抗病的基因作物。

Xa21 是第一个从水稻中分离到的抵抗水稻白叶枯细菌病原的基

因。

当我们吃着香喷喷的米饭时,我们大概不会想到这些大米实际上是稻田里的"幸存者"。要知道,害虫、病毒、真菌往往会残害每茬作物的很大部分。比如说,这种叫稻白叶枯病的细菌病害就会引起稻田里的灾难。小水滴会把这些细菌带来带去,一旦它们从叶片的伤口进入,几天之内叶片就出现黄斑并且枯萎。

稻白叶枯病——病叶

然而,有些水稻植株却天生有抵抗这种病的基因。人们是怎样知道的呢?原来,有一种野生稻,味道不好,产量也低,可人们发现它抵抗稻白叶枯病的时候却相当顽强。科学家们曾用传统的育种方法花了十二年的时间把这种抗性转移到广为栽培的稻种里去。在这几年的精心培育中,人们发现,这种抗性实际上居然只是因为一个小小的基因在起作用! 这基因被起了一个名字叫 Xa21。

含有 Xa21 基因的水稻是怎样感知细菌入侵的呢?原来,Xa21 编码的蛋白质 Xa21 在起着一种接收器的作用。这个叫 Xa21 的蛋白质在细胞外的那一部分像是天线,来识别细菌释放的分子,并发出信号;信号通过跨越细胞膜的那一部分立即向细胞内传递, 一种保护性的反应便随之发生:受了警告的细胞向它的邻居发出信号,然后自杀,自杀的细胞群会把细菌圈起来防止它的扩散。

立即有科学家投入了在有抗性的水稻的基因组中寻找这个基因的工作。开始人们把这个工作比作"没有地址或说明,却试图想找到朋友在纽约或东京的住房"。因为水稻的基因组是如此巨大——几乎是大肠杆菌基因组的 100 倍,可以想象这样大海捞针般的搜寻是多么困难。寻

172

找基因的过程我们不再赘述，总之伴随着运气与艰辛，在四年后的 1994 年，科学家们终于找到了这个珍贵的基因。

现在，科学家们已经成功地把这个来之不易的基因引入了两个流行的水稻品种中，他们在亚洲和非洲种植了 2200 万英亩。现在它已被转入中国广为栽培的水稻品种明辉 63，田间试验证明这些转基因植株具有良好的抗性。

又例如，科学家们从天麻的生活史中发现天麻和蜜环菌有一种奇特的共生关系，蜜环菌是一种真菌，可是它对天麻的"侵染"不仅不会置天麻于死地，反而还为天麻提供营养，科学家们便猜想天麻中一定有一种可以抗真菌的基因，能表达出抗真菌的蛋白，便做了大量的研究工作，结果真的从天麻中提取出了抗真菌的蛋白，并且分离到了表达这种蛋白的基因。科学家们设想，如果能把这个基因转入水稻等农作物，就很可能可以抗真菌病害了。目前，科学家们已经在实验室里将这个基因通过基因枪法"打入"烟草的叶片细胞，然后检测叶片对真菌的抗性，结果令人满意，显然培育出转基因农作物大有希望。

从前，由于有病毒、细菌和真菌等病害，农民种植水稻、小麦等农作物总要洒大量农药才能获得丰收，有了抗病基因工程向病毒、细菌和真菌宣战，农作物不再孤立无援，总有一天，抗病基因工程会使农作物有足够"强健"的体质而免遭病害，让农民们真正"有一分耕耘，就有一分收获"。

食物科技大革命

抗虫植物

在家里,我们用"灭害灵"、"敌杀死"之类的喷雾剂来消灭那些讨厌的蟑螂、苍蝇;在农田里,农民们常常施用化学杀虫剂来消灭那些肆无忌惮地咬食农作物的蝗虫、棉铃虫等。农作物的害虫种类很多,全世界每年因此损失约数千亿美元,每年用于化学杀虫剂的总金额也在200亿美元以上。然而化学杀虫剂经过半个世纪的大范围使用之后,已经暴露出了严重的问题。一是由于长期施用农药,特别是不合理的滥用,使得很多害虫都已对多种常用的化学杀虫剂产生了抗性。目前产生了耐受性的害虫已有几百种。二是化学杀虫剂对环境的破坏极其严重,它们大量滞留在环境中,使多种益虫和以捕虫为生的鸟类、爬行类、两栖类,甚至哺乳动物都受到毒害。"滴滴涕"就是一个典型的例子,科学家们已经发现在南极的企鹅体内有残留的"滴滴涕"。可见化学杀虫剂很容易沿食物链扩散,从而在大范围内破坏生态系统。

既然害虫可恶,而化学杀虫剂又被亮起了红灯,科学家的目光便再一次转向了基因工程。现在,科学家们已经成功地把抗虫基因转入农作物,培育出了抗虫作物新品种。用基因工程方法培育出的这些抗虫作物新品种有什么优点呢?让我们把它和化学杀虫剂作个比较就明白啦。

我们喷洒化学杀虫剂的时候,即使再仔细,也还有些部位喷不到,比如根部;喷洒效果还受到环境的影响。而害虫是无所不在的,狡猾的害虫可以从这些薄弱环节"入口",偷袭农作物。转基因抗虫农作物就不

同了,它的保护作用遍及全株,哪儿都不怕害虫;转基因抗虫农作物因为它的抗虫基因存在于植物体内,因而扩散的可能性较小,相对来说较为安全,而且它通常仅对特定的昆虫种类具有高度特异的毒性,即只杀死吃它的害虫,而对别的生物没有影响;另外,从长远效果看,转基因抗虫农作物成本较低, 这是因为化学杀虫剂在一个生长季节得喷上 6~8次,而抗虫农作物一旦培育成功就可以获得对害虫的持续抗性,在作物生长的任何时期都可以有保护作用存在,当然就相对便宜啦。

在培育抗虫农作物新品种过程中,最重要的就是找到抗虫的基因,目前科学家们向农作物中转入的抗虫基因主要有两种:苏云金杆菌毒蛋白(Bt)基因和蛋白酶抑制剂基因。它们是怎样"制伏"害虫的呢?

在显微镜下,苏云金杆菌长得矮矮胖胖,像短短的杆子,有时候会几个头尾相连排成一串,像一条短链子。当它生长到一定阶段以后,会在菌体的一端形成芽孢,另一端形成一种被称为伴孢晶体的近菱形的蛋白质晶体。当菌体破裂后,芽孢和伴孢晶体就会释放出来。

在 20 世纪 50 年代初, 人们发现伴孢晶体中的蛋白可以特异地毒杀鳞翅目昆虫,如蛾子、蝴蝶、卷心虫等,这些蛋白被称作杀虫晶体蛋白(1CP)或 Bt 毒蛋白,它的杀虫原理是毒蛋白插入这些昆虫的小肠上皮细胞中,在细胞膜上打出一个个被称为离子通道的"小洞",细胞里的能量载体 ATP 便通过这些小洞大量流出,15 分钟后, 细胞就没有力气进行代谢了,昆虫停止进食,最终因脱水而死亡。由于这种杀虫蛋白只在 pH 为碱性(昆虫肠道的 pH 是碱性)和昆虫肠道中特定的蛋白酶存在下才有毒性,所以鱼类、鸟类、哺乳类动物(包括人)都不会受到它的影响。

好啦,我们明白了 Bt 毒蛋白杀虫的机理,就不用担心它对人和其他动物安全的威胁,可以放心地使用它了。事实上,还有些证据表明这些毒蛋白对一些益虫也没有毒害作用。人们克隆了编码这些毒蛋白的基

食物科技大革命

因，并把这些基因转移到植物细胞中，就获得了抗虫的转基因植株，害虫吃了这些植物后，很短的时间里就被毒死了。1987年比利时的科学家发现，转入了Bt毒蛋白基因的烟草对烟草天蛾的毒杀率在3天后可达95%~100%。1990年中国的科学家也将修饰改造的Bt毒蛋白基因转入棉花，并在棉花植株中表达出对棉铃虫有很强毒杀作用的毒蛋白。这是我国利用基因工程在培育棉花抗虫品种的艰辛道路上取得的突破性进展，也是具国际先进水平的重大成果，对于我们这个产棉大国而言，这真是一个特大的好消息。

现在，烟草、棉花、水稻、杨树、马铃薯等等很多种类的植物中都已被成功地转入了Bt毒蛋白基因。科学家们经过不懈的努力，对Bt毒蛋白基因进行了大量改造，使它的生产量大大提高；同时，人们还分离出了新的Bt毒蛋白基因。Bt毒蛋白基因已是目前世界范围内使用最广泛、最有潜力的一个抗虫基因了。

蛋白酶抑制剂基因

Bt毒蛋白基因已为世界各国的科学家所关注，并得到了非常广泛的应用。当然它也存在缺点，那就是杀虫谱相对较窄。与它比较起来，蛋白酶抑制剂杀虫谱更广，可以有效地对付多种害虫。蛋白酶抑制剂又是怎样杀虫的呢？

其实，植物在长期的进化过程中，自己也演化出了一种抗虫机制，该机制只是保证植物存活，却不能有效地抵御虫害。比如很多植物可以产生多种蛋白酶抑制剂，这些抑制剂可以抑制昆虫消化道内的蛋白消化酶的活性，使昆虫不消化。原因就在大量的抑制剂抑制了蛋白质的水解，要知道蛋白质只有水解成氨基酸后才能被吸收，昆虫便没有办法吸

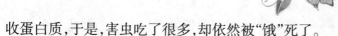

收蛋白质,于是,害虫吃了很多,却依然被"饿"死了。

科学家们从豇豆中分离了豇豆胰蛋白酶抑制剂,把这个基因转入植物,让转基因植物大量生产这种抑制剂,在转基因植物每毫克蛋白中含有2微克左右的胰蛋白酶抑制剂。结果人们发现,烟青虫幼虫对转入这个基因的烟草植株的损伤比对非转基因的植物要低得多。看来,这个基因也是很有潜力的杀虫基因。

然而,我们所关注的安全性的问题又怎样呢?目前,每毫克蛋白中含有2微克左右的抑制剂,这个含量已证明对人畜是无害的,那么如果是其他的杀虫毒力更强、更多量表达的杀虫基因,会不会对人畜有危害呢?别着急,科学家们已经想出了好办法,把杀虫基因的表达限制在害虫爱吃而人畜却不爱吃的植物组织中,比如说,让蛋白酶抑制剂只在根、叶中激活生产,而在食用的果实中不生产,这样人畜就可以放心了。怎么样,这方法还不错吧!

除上面我们介绍的这两种抗虫基因外, 人们还发现了其他许多新的抗虫基因:淀粉酶抑制剂基因,它可以阻断昆虫对摄取的食物中的淀粉成分的消化,但对植物本身的淀粉酶不起抑制作用;外凝集素基因,它表达的凝集素可以与昆虫肠道表面的蛋白特异结合, 影响营养物质的正常吸收;还有从胡蜂、蝎子、蜘蛛毒液中分离到的一些小肽基因,也有杀虫的作用。看来,害虫的容身之地是越来越小了。

棉田里的牺牲者——"难民棉"

俗话说,"物极必反",随着转基因抗虫植物的大面积种植,害虫面临很高的选择压力,科学家们不禁担心昆虫会很快地产生抗性,这怎么办呢?

如果你曾路过种植着转基因棉花的田地，你一定会看到一个令你感到诧异的情景：生长得很茂盛的棉田里，又大又白的棉桃挂满了枝头，一片丰收的样子，然而同时在棉田的四周，却有着截然不同的情形，棉桃几乎被害虫吃了个精光，只露出黑压压的枝条。

这是怎么回事?是不是一个勤快的农民和一个特别懒的农民种的棉花恰好挨在一起，才出现这种样子呢?那也不对呀，为什么那个"特别懒"的农民要把自己的棉花种在别人的棉田四周呢?

原来，这恰恰是科学家为了使抗虫的昆虫品系难以发展而想出的一个不错的主意呢!那些长得好的棉花呢，是转基因棉花，那些被害虫吃得可怜兮兮的露出光杆的，是非转基因棉花。把转基因作物与非转基因作物种在一起，就是专门让少量的非转基因作物成为牺牲者，成为害虫侵袭的靶子，它们被称为 Refugee，英文里是"难民"的意思。那么转基因抗虫棉里的非转基因棉花，就是"难民棉"了。如果你懂得植物的语言，是不是可以听见它们在勇敢地朝害虫喊道："朝我进攻吧! "

智能的除草剂

"野火烧不尽,春风吹又生",野草的生命力是极强的,即使在恶劣的生长环境中,它也能尽力吸取微薄的养分,顽强地生存。我们赞美小草的生命力,用它来固定脚下的土地,对付肆虐的风沙。然而事情总是一分为二的,草原上的小草可以防风固沙,长在农田里的杂草却与农作物争夺养分,更为可气的是,它们是农田里的"霸主",往往能争夺到更多的营养,反而比农作物长得还茂盛。长久以来,人们想尽办法除掉这些农田里的入侵者,用大量的除草剂来对付它们。然而尽管每年有100亿美元以上的费用花费在生产上百种不同的除草剂上,但全世界的农作物仍因不断出现的杂草而减产约10%。除去它的巨额花费不算,除草剂的使用还有其他的局限性:很多除草剂无法区别庄稼与杂草;有些除草剂必须在野草长起来前就得施用,等等。

科学家们希望利用基因工程的方法来培育一种抗除草剂的转基因作物,当除草剂播撒到农田中时,农作物依然可以茁壮地生长,而杂草却被除去,就好像农作物被穿上了"防弹衣"一样,再不怕除草剂会"滥杀无辜",人们也就可以更放心地使用除草剂了。

那么,科学家们是怎样培育出这种抗除草剂的农作物的呢?

让我们以抗除草剂草甘膦的转基因西红柿为例,跟随着科学家们的思路一起动动脑筋吧!

要培育抗除草剂这种性能的西红柿,首先我们得弄清楚除草剂除

179

草的原理。草甘膦是一种对环境无害的除草剂,优点是在土壤中易降解为无毒的化合物,缺点是选择性较差,常常对许多农作物造成伤害。它的功能是抑制一个叫 EPSPS 酶（S-烯醇丙酮莽草酸-3-磷酸合成酶）的活性。EPSPS 是植物氨基酸合成中一个重要的酶,如果草甘膦把它抑制了,氨基酸就不能合成,植物也就不能生长了。

既然 EPSPS 这么重要,而除草剂会抑制它的活性,那么,我们可以想办法在西红柿中转入可以过量表达 EPSPS 酶的基因,让西红柿中生成多多的这种酶,甚至远远大于除草剂可以抑制的量,于是农作物中的这些过量的 EPSPS 酶就可以供给细胞以执行正常功能。这样,在草甘膦抑制杂草生长的同时, 这种转基因西红柿的新陈代谢就丝毫不受影响了,可以健健康康地活下来。

好啦,既然思路明白了,就可以进行具体操作了。科学家们从抗草甘膦的大肠杆菌中分离到了与抗性有关的大肠杆菌 EPSPS 酶的基因,然后把这段基因转入西红柿中,西红柿就可以抗除草剂了。利用同样的方法,科学家们还成功地培育了抗除草剂的烟草、马铃薯、棉花等。抗除草剂的转基因植物将给农业生产,特别是大面积的机械生产,带来很大的方便。

其实,这只是抗除草剂的转基因植物的一个例子,科学家们针对不同的除草剂和不同的农作物还想出了许多别的办法,比如,抑制农作物对除草剂的吸收等。在科学研究中,多思考,就有更多办法,然后我们从各种办法中找到最好的,即最简单、最适于实际情况和最有效的办法。

抗早熟基因

在市场上，我们可以买到各种各样的新鲜水果，在交通日益发达的今天，在南方能吃到北方的水果，在北方能吃到南方的水果，这已经不是什么稀奇事了，甚至不出国门，也能吃到进口的外国水果，而我们国家的水果，也出口到好多国家。

水果在货车上、轮船上、飞机上被运来运去，很自然就碰到一个大难题，那就是在运输的过程中水果会烂掉，而这又几乎是不可避免的，因为这种变化是水果自然衰老过程中的一部分，于是这个问题便成了水果商最头痛的问题。为解决这个问题，香蕉在青的时候就被砍下来装进筐里运走，西瓜还没熟透就得摘下来装上货车……尽管这样，水果商还是会对着一堆还没来得及卖出去的水果发愁，由于水果开始熟透变软，而不得不便宜卖出去；而没有经验的买家由于买到了从遥远的产地长途跋涉过来而过熟的水果，会觉得不好吃了，并且由于过熟而损失了水分和营养，这些水果也不如新鲜水果那样有益于健康。

用基因工程方法抗早熟，就是延迟水果的成熟，使水果的保鲜时间更长。基因工程保鲜西红柿还是美国政府批准的第一个大规模生产的转基因食用作物呢，它是在 1993 年上市的。这种转基因西红柿和普通西红柿一样地开花、结果，不同的是，它的果实在室温下放上三个月都不软，真的是"永垂不朽"的西红柿。

基因工程是怎样对西红柿施"魔法"，让它们"永垂不朽"的呢？

181

在西红柿等许多果实成熟前往往有一个呼吸高峰，释放大量有高度生物学活性的植物生长调节物质——乙烯，它能诱导果实成熟和衰老过程中许多基因的表达，导致细胞迅速成熟、衰老、变软。它是由前体通过中介物 ACC 而生成的。

如果我们阻断乙烯生成的途径，不就可以延缓果实的成熟了吗?为此，科学家们筛选了大量的土壤细菌，寻找可降解乙烯前体的菌株；再从筛选的菌株中分离得到 ACC 脱氨酶基因，把它转入西红柿中，结果转基因植株与普通植株相比，乙烯合成量降低，果实贮存时间更长。究其原因，可能是大部分 ACC 被 ACC 脱氨酶转化为氨气和某酸，而不是由一般的途径转化成乙烯的结果。

如果上述方法是让 ACC"误入歧途"，受制于 ACC 脱氨酶，那么根据乙烯生成的图径，我们也许还可以想出别的方法来阻断乙烯的合成。可以看到 ACC 合成酶和乙烯合成酶是控制乙烯生成的关键，如果干扰西红柿中的两种酶或其中一种的表达，我们同样可以阻断乙烯的生成。这种干扰在表达这两种酶的基因的反义 RNA 的转基因植物中就可实现。

我们知道,在中心法则中,是从 DNA 转录为 mRNA,再由 mRNA 翻译为蛋白质。这个用来翻译蛋白质的 mRNA 就称为正义 RNA,互补于这个 mRNA 的就称为反义 RNA,因为互补,它可以与 mRNA(正义 RNA)形成双链分子,从而阻碍翻译的进行,于是基因产物——蛋白质的合成就少了。

　　如果我们分别把编码这两个酶的反义基因导入西红柿，使反义RNA 与这两个酶的基因转录产生的 mRNA 结合，这两种酶的合成就少了，相应地，乙烯的合成也就减少了。科学家们检测含反义基因的西红柿时发现，这两个酶的活性降低至正常的 5%以下，果实生理成熟后长期保持坚硬，仓储三个月也不软化，不腐烂。

　　在从前，熟透的水果好吃但不好保存；没熟透的水果好保存但不好吃。现在，这个难题就这样被解决了。

　　想想看，如果市场上的水果全部都应用了基因工程的方法而抗早熟，那么水果商将感谢神奇的基因工程技术给他们带来的经济效益，而我们的家里也可以储存更多的水果，而不用担心一下子买太多而烂掉了，在很长的时间里我们都可以吃到足够新鲜的水果。

食物科技大革命

什么是转基因固氮植物

食物科技大革命

农民在种植作物的时候,往往必须施以氮肥。氮、磷、钾是植物生长所必不可少的元素,氮原子还是蛋白质和核酸的组成部分。

我们知道,空气的成分主要是氧和氮,氧气在空气中约占五分之一,氮在空气中约占五分之四,然而,空气中这么多的氮,植物却不能直接利用,就像我们面对着一大块生牛肉却没法吃一样。生牛肉必须经过加工做熟了才能被人消化,空气中游离态的氮气也必须在工厂里加工成化合态的氨气或铵盐才能被植物所吸收。我们把这个过程叫做固氮。

由于氮和氢合成氨的哈伯(Harber)法的开发,工厂里可以大规模地生产氮肥。事实上,目前广袤的农田里还是通过施用氮肥来供植物营养所需。但是,工业方法大规模生产氮肥会耗费大量的能源,并且从生产到施用都会造成空气和水的污染。这是一个发展中国家所常常面临的问题,一方面是扩大生产,一方面是能源紧缺与严重的污染,的确让人头痛。

其实,在自然界中存在一些能够自己利用空气中的氮来产生氮化物的生物,比如说,在豆科植物根部共生的根瘤菌,漂浮在水面上的蓝藻类,还有其他一些细菌,等等。于是,人们很自然地想到:如果能把这些生物中的编码氮化物的基因转入农作物,那就可以不用施氮肥,因此可以节省大量的能源,解决很多问题了。

科学家们已经从豆科植物根部共生的根瘤菌中分离到了一个固氮

184

基因——nif 基因,这个基因是涉及固氮作用的。把这个基因连接到质粒上,再转导入大肠杆菌的实验已经成功,但是,这个基因在大肠杆菌中却没能够产生氨。

那为什么同样的基因在根瘤菌中就能把氮转化为氨而在大肠杆菌中就不能行使这个功能了呢?是基因工程出什么毛病了吗?

科学家们研究发现,在大肠杆菌中不能产生氨是因为由氮和氢合成氨的这个功能在有氧的情况下会受阻,而大肠杆菌的生长是在有氧的环境中。那么根瘤菌是怎么解决这个问题的呢?它生长的土壤中不也是有氧的吗?原来奥妙在于与根瘤菌共生的豆科植物!豆科植物可以产生一种叫做豆血红蛋白的物质,它与氧结合,可以使有根瘤菌共生的场所处于接近无氧的状态。所谓血红蛋白,就是存在于我们血液中的红细胞内带有红色色素的蛋白质,它的功能就是在肺中和氧结合,并把结合的氧带到体内的各种组织中去。这样,豆科植物为根瘤菌提供它通过光合作用获得生存所需的碳源,根瘤菌向豆科植物提供"氮肥",它们配合

得相当默契。

为了使被转入的 nif 基因表达而产生氨，必须创造无氧的环境，可是这样一来大肠杆菌就长不好，这是个挺矛盾的问题。当然，真正需要转入 nif 基因的是玉米、小麦、水稻等农作物，转入大肠杆菌的只不过是一种预备实验。可是，nif 基因的产物对氧气是高度敏感的；即使是植物细胞中正常浓度的氧也会使它失去作用，而如果想办法降低细胞里的氧浓度，植物细胞又会因缺氧而死亡。看来，科学研究不是那么简单的事情，每走一步都要遇到些障碍。

那么与其这么费事，我们不如想想办法走别的路，比如找到一种在有氧的状态下也能正常活动的 nif 基因，把它转入农作物不就什么事也没有了吗?科学家们正在做着这方面的研究工作，像蓝藻那样的生物，很可能在有氧的状态下也能固氮，从这样的生物里分离出的 nif 基因，没准就可以在有氧状态下正常活动。还有肺炎杆菌的 nif 基因，许多人也对它很感兴趣，因为肺炎杆菌无论在有氧或无氧的状态下都能生存和繁殖，而且在无氧状态下开始固定空气中的氮。

把固氮基因转到非豆科植物中去，是从事基因工程的科学家们最大胆、最富魅力的设想了，它正越来越成为生命科学研究的热点。这是一项既可以提高产量，又可以减少消耗成本、肥沃土壤、净化环境的举世瞩目的大课题，它是一个有着广阔前景的领域，也是一个充满很多"不知道"和"为什么"的领域，科学家们还有很多的工作要去做，也许，还等着未来的科学家——你去做。

培植蓝色玫瑰

大自然中有千姿百态、五彩缤纷的花儿，它们点缀着这个美丽的世界。在孩子们的童话里，花儿是不可缺少的主角。拇指姑娘的小床就是用花瓣做成的，在花的国度里，每朵花儿的蕊里都住着一个像她一样的小精灵；七色花的每个花瓣，都可以实现一个美好的梦想……在《海的女儿》故事开头，安徒生这样写道：在海的最深处，海水是那么蓝，蓝得像最美丽的矢车菊的花瓣……蓝色的花儿，便像一团梦幻，带给我们无穷的遐想。然而或许是造物者的疏忽，在自然界中，这四种常见的花儿——玫瑰、康乃馨、兰花、郁金香却没有蓝色的品种。物以稀为贵，人们曾怀着美好的梦想苦苦地寻找，却都没有结果。而现在用基因工程的方法，却可以弥补造物者的这个疏忽，让人们的梦想变为现实。

通过基因工程，科学家们可以不改变它们的香味、形状、抗病性状和花的产率来培育出蓝色花的品种。传统的培育花的方法，只能在相同的植物品种中操作，用人工育种的方法获得各种突变种，来改善花的品质。而用基因工程的方法，人们可以从毫不相干的植物里，甚至是微生物和动物中找到想要的基因，如控制蓝色的基因等，来进行操作。

为了培育出蓝色的玫瑰，科学家们需要从开蓝色花的植物中分离出"蓝色"基因。然后把它转入玫瑰中，然而，这个"蓝色"基因并不只是简简单单的一个基因。

花的颜色是由植物能够合成哪种色素而决定的。当合成花青素时，

187

花色偏红;当合成翠雀素时,花色偏蓝。利用基因工程的方法培育蓝色花卉时,还必须综合考虑几方面的因素,因为翠雀素的合成还需有其他两个条件:其一,同时有一种叫黄酮醇的辅色素的存在;其二,液泡中有相对较高的 pH 值,也就是呈碱性。形成各种色素和辅色素的关键在于相应的酶的催化作用,科学家们已从矮牵牛中克隆到了两种酶的基因,这两种酶催化翠雀素和黄酮醇辅色素的形成,于是要形成蓝色花朵,工作的关键就落在了如何获得合适的液泡 pH 值上了。最近,人们又从矮牵牛中分离出 6 个与 pH 值有关的基因,在这些结果的基础上,科学家们把这些有关蓝色的基因转入玫瑰,终于培育出了珍贵的蓝色玫瑰。

有了基因工程,不仅能完全改变花的颜色,创造出前所未有的蓝色玫瑰,还能够改变花瓣颜色的深浅,使同一植株上出现深浅不同的花色。在同一株矮牵牛上开有紫色、白色以及紫白相嵌三种不同颜色的花,这是通过基因工程手段把查尔酮合酶(CHS)基因转入紫花矮牵牛后获得的结果。

人们会自然地想到,查尔酮合酶有怎样的"魔力",能够"创造"出这么多的花色出来呢?

科学家们做了很多的研究,终于揭开了这个谜底,原来,是在转查尔酮合酶基因的矮牵牛中发生了一种奇特的叫做"共抑制"现象的缘故。查尔酮合酶是花色素合成途径中的一个关键的酶,矮牵牛中本来也是有这种酶的。按常理,转入了外源查尔酮合酶基因的矮牵牛应该表达更多的这种酶,所以应该花色更深才对,可有意思的是,这个基因的转入并没有增加这种酶的表达,相反,转入的外源查尔酮合酶的基因和矮牵牛中本身的查尔酮合酶的基因,我们称它内源基因,它们都被抑制了。这种由于外源基因的转入而导致外源基因和内源基因共同受到抑制的现象称为共抑制。正是由于共抑制,矮牵牛中的查尔酮合酶就部分

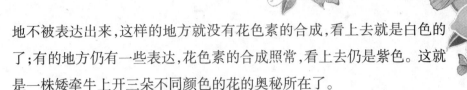

地不被表达出来,这样的地方就没有花色素的合成,看上去就是白色的了;有的地方仍有一些表达,花色素的合成照常,看上去仍是紫色。这就是一株矮牵牛上开三朵不同颜色的花的奥秘所在了。

科学家们成功地改变了矮牵牛的花色;也为进一步用基因工程改造其他名贵花卉的花色打下了基础。长期以来人们一直想办法延长花的开放时间和保存时间,现在用基因工程的方法也可以做到了,科学家们培育出3种"长寿"康乃馨,比传统的花儿可以多开至少两倍的时间。人们还设想用基因工程的方法让花儿跨越季节,夏天的花儿在冬天也开放。另外,人们还成功地将萤火虫体内和发光有关的基因转入植物细胞,培育成能在夜晚发光的转基因热带兰花。想想看,当你在仲夏之夜,漫步于荧光闪烁的树木中或草地上,是不是像无数的小精灵在身旁飞舞?那该是多么惬意的事情!而在大雪纷飞的圣诞之夜,一株株熠熠生辉的圣诞树,该把这个夜晚点缀得多么迷人!

基因工程让这个世界更加美丽。

什么是生物塑料

我们的日常生活中,抬头低头都有塑料制品的影子:你手中的笔、衣服的扣子、塑料杯、塑料椅、塑料饭盒,等等,平常大大小小的塑料袋更是为我们增添了许多方便。然而在塑料制品已成为我们生活中不可缺少的一部分的同时,一个叫"白色污染"的阴影也正悄悄地威胁着我们的生活。

我们知道,塑料产品是以石油为原料加工合成的高分子聚合物,它特别不容易降解,即使埋在地下几十年、几百年也不会腐烂掉,而不像废纸、菜叶、动物尸体等别的垃圾那样,可以被细菌分解成小分子物质,最终和土壤"融为一体"。它也不能被随便烧掉,因为燃烧时释放出的有毒气体是更大的污染。我们不难想象,一方面,源源不断的塑料制品被从工厂里生产出来;另一方面,难以处理的塑料垃圾不停地堆积、堆积,它们无法进入自然界的物质循环,也就无法从我们的面前消失。毫无疑问,这将是可怕的灾难。

近年来,各国的科学家都投入了对解决这一问题的研究中,一种对环境无污染的新型"生物塑料"已经悄悄诞生了。这种用细菌或植物中产生的天然高分子物质制造的生物塑料,真正做到了"用时有形,弃之无踪",如果它真正得到普及的话,白色污染的威胁也就迎刃而解了。

科学家们先从天然高分子物质中分离出能控制合成高分子物质的基因,再把它转入我们熟悉的微生物——大肠杆菌、酵母菌,或者植

物——马铃薯、玉米等，这些微生物或者植物的细胞就能大量地产生这种高分子物质。现在美国、日本、荷兰、英国、澳大利亚等许多国家和我国台湾地区的科学家都宣布了他们已经应用微生物或植物生产出了性能各异的高分子聚合物——生物塑料。

目前生产可降解的生物塑料的主要方法还是利用微生物，比如在真养产碱杆菌中有关于合成聚羟基丁酸(又叫 PHB)的基因，科学家们从真养产碱杆菌中分离出这些基因，把它导入大肠杆菌中，大肠杆菌便具有了合成 PHB 的能力。在发酵罐里它们几乎可以把葡萄糖全部转化为 PHB。英国的帝国化学工业公司已建成了一家年产 50 吨 PHB 的生物塑料中试工厂，并准备扩建成年产 5000 吨的工厂。生产出的 PHB 有着广泛的用途，可作为理想的外科塑料、食品包装材料、电话送话器的膜材料和合成纤维等。

用微生物生产生物塑料尽管已经有了较为成熟的实践，然而成本很高。减少污染和较高的成本两者之间是相矛盾的，我们似乎应该用长远的眼光来看问题，选择减少污染的生物塑料，然而还有没有鱼和熊掌兼而得之，能够两全其美的好办法呢?

现在科学家们正在考虑用转基因植物来生产 PHB，以达到降低成本的目的，从而也更有利于推广可降解的生物塑料的使用。有人把来源于真养产碱杆菌的有关基因转入了拟南芥，发现在转基因的拟南芥中产生了大量的 PHB，其产量达到了叶子鲜重的 1%。美国的科学家们正探索把 PHB 基因转入土豆和玉米中，使土豆和玉米中合成 PHB，预计在 10 年内可以实现用土豆和玉米地"种植"出生物塑料。

食物科技大革命

基因大米

大米不再是白色的,而是深深浅浅的黄色,而比它们具有的漂亮的颜色更重要的是,它们含有一般大米中所没有的维生素 A。正是这种维生素 A 使大米变成了彩色。

你可以立即想到,这一定又是基因工程变出的花样吧!没错,这便是今年科学家们刚刚获得的含维生素 A 的转基因水稻。

人们的生活水平提高了,对饮食质量的要求也就越来越高了,科学家们便有了更多的任务——改善农作物的品质,提高它们的营养成分。科学家们曾经尝试用巴西坚果中含量很丰富的 2S 清蛋白的基因改善其他作物的蛋白质含量,这种蛋白中有一种叫 Met 的人体必需氨基酸含量很高,把这种蛋白的基因转入其他作物中,结果使作物中的 Met 含量提高到 30%。然而对于对巴西坚果过敏的人来说,把它们的基因转入别的作物中可不是什么好事,你将在后面看到这一点。

有些水果、蔬菜的营养价值很高,但不好吃,如果我们能把有营养的食物变得更加美味可口,那该多好!在非洲有一种叫应乐果的植物,在当地人们把它称作"serendipity",是"能偶然发现珍宝的天赋才能"的意思,科学家们在它的果实中发现了一种叫应乐果的蛋白质,咀嚼时比蔗糖大约甜 10 万倍,而它作为蛋白质又不会在新陈代谢中具有与蔗糖相同的作用,真是蔗糖的理想替代品。科学家们正在尝试把这种应乐果蛋白的基因转入水果蔬菜中,这样不需要加糖或其他化学添加剂就可以

使它们变甜了。

油料是人类希望从植物中获得的另一大类物质，用基因工程的方法改造油料作物，使我们能榨出更多更好的油，也是基因工程希望达到的目标之一。在这方面科学家们取得了令人高兴的成果，迄今为止，在世界范围内种植的良种油菜有 31%是转基因品种。

我们上面列举了这么多的例子，并没有讲完基因工程所赋予植物种子的种种好处，比如它还可以使植物抵抗不良的环境，如抗干旱、抗严寒、抗高温、抗盐，等等，贫瘠的土地上照样长出茁壮的庄稼，农民们再也不"望天收"，天灾的时候照样喜唱丰收歌。还有我们后面将要讲到的基因工程的水果蔬菜疫苗，不用打针就可以免疫。如果你想到这些比它们的祖先有更多的优点，或是以前根本就不存在的植物，它们仅仅是因为科学家转入了一个基因或一小簇基因而获得的，你不觉得这是很神奇的事情吗？

然而，另一方面，有些人也在担心人们改变了植物中最根本的东西——遗传物质 DNA，甚至创造出了前所未有的植物品种，这好像是科学家做的一场冒险游戏。是耶？非耶？这个担心是不是多余？我们将在后面细细评说，请你耐心往后看吧。

基因工程的诞生

在科恩的每个基因工程实验以前，我们曾提到过许多科学家为此做了很多奠基性的工作，尤其是在此前一年，斯坦福大学的伯格(Berg)把能使动物细胞癌变的 SV40 病毒 DNA 与其他的 DNA 片段相连，并确证了环状 DNA 的产生。他所做的实验可以说离真正的基因工程实验只差一步——没有把这个环状 DNA 拿来感染大肠杆菌。

尽管伯格的实验并不是首次基因工程的实验，他同样因为这项开创性的成就同他人分享了 1980 年的诺贝尔化学奖。在基因工程的历史篇章的首页，他曾经以一个科学家的强烈的责任感为基因工程画上了一个问号。后来的实践为这个问号做出了肯定的回答，基因工程的研究这才被放宽了。

那是 1973 年，他的学生向学术界宣布在大肠杆菌增殖他们重组成功的 SV40 病毒的实验计划，结果一经宣布，关于其安全性立即受到了质问，当时的质问指出，在人的大肠中也存在大肠杆菌，万一在人体内繁殖了这种细菌，不就可能会招致不堪设想的后果吗? 事情传到伯格那里，后来就成了限制有关实验的开端。1974 年，他向《自然》、《科学》、《美国科学院学报》等刊物投书，呼吁在解决安全性问题之前，暂停重组 DNA 的实验。这些刊物几乎同时发表了他的公开信。1975 年，这件事情发展到了高潮，在美国加利福尼亚州的一个叫阿西洛马会议中心的地方，召开了一个约有 160 名科学家参加的国际会议，会议上极力主张实

食物科技大革命

施控制重组 DNA 实验的操作守则,同时呼吁开发不能逃逸出实验室的安全的细菌和质粒。1976 年,美国国立卫生研究院(NIH)在参考了阿西洛马会议的讨论后,制定了第一个重组 DNA 实验操作守则,禁止许多类型的重组 DNA 实验。纽约《时代》杂志甚至载文极力主张禁止给重组 DNA 研究颁发诺贝尔奖金。

从此,研究者们遵照自己亲自参加制定的指导准则进行研究。然而,经过一段实践以后,一些舆论认为这样对实验的限制过于严厉了,因为实践的结果表明其危险性并不像当初所预料的那么大。科学家们将小鼠的致癌病毒连接到载体上建成重组 DNA 之后,其致癌性丧失了。这是为什么呢?因为侵染真核生物的病毒基因含有内含子,要使这个基因表达,必须经过剪接等加工过程,而在重组细菌细胞中克隆的病毒基因没有经过剪接加工,所以没有活性。

1979 年,开始普遍放宽 NIH 公布的重组 DNA 实验操作守则,允许应用重组 DNA 技术研究病毒 DNA,到了 1982 年,人们的思维似乎有了很大的转变,NIH 的限制进一步全面放宽,科学家们又可以在实验室里"自由"地做着实验,不必像以前那样受到种种限制,束手束脚了。

一场关于基因的大辩论

如果说二十多年前的那场风波是实验室里的风波，争论的对象仅仅是科学家，那么今年的这场风波，已经超越实验室，波及的对象成为你、我、他，我们每一个生活在这个发展着的世界上的人，因为基因工程的产物已经从实验室走上了我们的餐桌，并且很有可能成为我们的主要食物。这又是一项新的事物，我们接受需要多久？

随着五年前抗早熟保鲜转基因番茄的上市，到今天农业生物技术发展如此迅猛的势头，可以毫不夸张地说，转基因农业的新时代已经到来；而也正是从五年前的那一天起，转基因食品从实验室里经过大田试验已走到了人们面前。在吃了五年的转基因食品后，1999 年 2 月，国际上爆发了一场对转基因食品的大辩论，在这次辩论中，人们的种种疑虑被摆上桌面，许多科学家也投入了这场大辩论。其实，从某方面讲，这场辩论也是对基因工程的一次科学普及，基因工程体 GMO(Genetically Modified Organism)利用基因工程操作获得的有机体，包括转基因动物、植物、微生物，它们成了人们日常生活中出现频率很高的名词。"GM 食品"、"GM 作物"也随之应运而生。

引发这场大辩论的是 1998 年 8 月 10 日英国的一个电视节目。英国 Rowett 研究所的一个名叫 Arpad Pusztai 的生物学家在这一天的一个应邀电视专访中警告人们关注未充分证明其安全性便已推广的转基因食品。他在电视上宣布，用转雪花莲凝集素(GNA)基因的土豆喂大鼠，结果大鼠食用后引起器官生长异常,体重和器官重量减轻,并且免疫系统遭受破坏。

电视一播出,顿时引起轩然大波,英国上下顿时对转基因食品产生恐慌,他所供职的 Rowett 研究所随即发布新闻,宣称 Pusztai 这项未经出版的研究成果是混淆的和错误的,Pusztai 也因此很快地被解除了当年的合同,并不再续聘。然而这仅仅是个开始。1999 年 2 月,14 个国家的 20 名科学家在考察了 Pusztai 的报告后, 联名签署了一份备忘录,指责 Rowett 研究所对 Pusztai 施压,他们呼吁先行研究基因改造生物体的未能预见的危害,在此之前暂停转基因作物的种植。1999 年 3 月,Pusztai 向英国下议院科学技术特委会提供了他的实验证据, 他宣称一点也不后悔把未经出版的研究公开讨论。英国皇家学会组织同行评审,于 1999 年 5 月作出 Pusztai 的实验有 6 条缺陷的结论。关于 Pusztai 实验结果的结论(英国皇家学会):

(1)不良的实验设计,可能加剧了因缺少空白对照实验而产生无意识、有偏差的结果;

(2)不能确定非转基因系和转基因系之间马铃薯在化学组成上的差异;

(3)为满足英国政府和其他要求所采用的非系统增加饮食而产生的饮食差异;

(4)实验中用于测定几种饮食方法的实验动物数量少(所有饮食方法均为动物的非标准饮食)和由此产生的多样化比较;

(5)结果分析中采用了不恰当的统计学方法;

(6)实验内和实验之间的结果缺乏一致性。

这一权威结论使 Pusztai 事件有了一个了结,然而,就像一粒石子投入平静的湖面,它的余波并不会马上平息,在这场辩论中,所造成的影

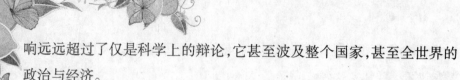

响远远超过了仅是科学上的辩论,它甚至波及整个国家,甚至全世界的政治与经济。

20名科学家(其中包括激进的生物技术反对者)签署了暂停转基因作物种植的备忘录后,英国举国哗然。在强大的媒体和公众压力之下,英国环境大臣表示,他将考虑成立一个"转基因食品委员会",由野生生物专家监督考察在自然环境中释放的转基因生物。并且迫于舆论的压力,英国政府私下对转基因作物公司,包括美国孟山都公司和英国捷利康公司等施加压力,使这些公司同意在2002年之前不大规模种植转基因作物。从1998年9月起,欧盟(EU)就要求零售商对GMO实行标签制。而Pusztai事件中,1999年3月中旬,为了平息公众对GMO的恐惧风潮,英国则不得不把这一范围扩大到餐馆和咖啡屋。英国食品安全部部长说,按照政府法令,比萨饼等外卖快餐必须标明食品中的转基因成分,否则将被处以高达5000英镑的罚款。公众对于转基因食品的反响是如此强烈,许多超市和餐馆不得不决定停售转基因食品,英国最大的日用品连锁店之一阿斯达超市连锁店大量地减少转基因食品进货,并通知食品供应商在生产贴有"阿斯达"商标的产品中禁止加入转基因食品配料。与此同时,英国2.6万所中小学校的学生、150万地方政府工作人员,以及数以万计的老年人将不再食用转基因土豆等改变了基因的食品。作出这个决定的是英国地方政府协会,它们决定今后五年内英格兰和威尔士所有的中小学、医院、地方政府餐厅和养老院等的食谱必须去除一切经过基因改变后生产的食品。

风波也波及世界上许多国家。

在印度,1998年11月,世界上最大的基因工程公司孟山都公司在那儿的两块试验地被焚烧,这是为了反对该公司的终止技术(terminator technology),这种技术会使转基因作物雄性不育,农民不能自己留种。

美国两大婴儿食品公司在绿色和平组织的压力下，宣布不采用GMO做原料，其实这两家公司知道转基因食品是安全的，其中一家公司的下属公司还正在研究开发GMO和相应的食品呢。

在加拿大，绿色和平组织、地球之友等组织今年发起了一个反GMO的秋季运动，他们致函美国100家最大的食品公司，要求他们不用GMO作食品原料。

转基因食品，已经被推到了这样一个尴尬的境地，人们对它的安全性产生了巨大的怀疑。那么，转基因食品真的是洪水猛兽吗?

在这场GMO大辩论中，有些杂志上赫然出现了"基因工程食品是危及自身的食品"、"基因工程食品是冒险食品"等标题，这无疑反映了人们对基因食品的担心。

而事实上，科学家们在研究转基因作物时，首先要充分考虑的就是安全性的问题，如果这个问题解决不了，转基因作物就不可能走出实验室，走上市场。对于转基因食品，人们最关心的问题莫过于转基因植物中标记基因的毒性问题，食品中是否有过敏源的问题，以及转基因食品是否会引起其他不良反应，特别是有无可积累的长期作用。这些问题科学家们早已替人们考虑到了，实际上，转基因食品走上市场之前，就已作了严格的安全性评估。这些评估主要包括：有无毒性，有无过敏性，是否诱发微核，精子畸变实验，Ames实验，以及抗生素抗生等标记基因的安全性。

转基因食品

美国对食品安全的高标准是举世公认的。美国食品和药物管理局(FDA，U.S.Food and Drug Administration) 是美国负责对上市食品和药品进行安全性评估的部门，它有严格的标准，因此得到了公众的信任。FDA对一般食品评估批准一般需12~18个月，而批准一个GMO的时间却可能长达6年，这就足以看出在转基因食品上市之前，对它们安全性的考虑可以说已经是慎之又慎。

我们实验室的研究人员在我国首次获得可以抗黄瓜花叶病毒的转基因番茄。在转基因番茄进入商品化生产之前，根据我国基因工程安全法的要求，与首都医科大学合作，对转基因番茄进行了毒理分析，分析指标包括：急性毒性半数致死量(LD50)，微核测验(是否诱发微核产生)，精子畸变试验，Ames试验(对四种细菌有无诱变作用)，30天动物喂养试验(检测实验动物在饲喂了转基因番茄后动物的活动情况：毛色、摄食及排泄情况；生长发育的变化；血清学指标；血液生化指标的变化；脏器，如心、肝、脾、肺、肾、胃、睾丸或卵巢的变化和通过病理切片检查器官的组织病变)。所有的这些试验结果表明，转基因番茄对动物不会造成任何不良作用。说明转基因番茄是安全的。

尽管英国举国上下对转基因食品陷入恐慌，然而各种GM作物的数千个田间试验，以及全球3000多万公顷转基因作物的商品化，并没有提供任何证据说明它对人体或环境存在安全问题。转基因作物问世有16年，人们吃转基因食品有5年了。各种转基因玉米、大豆等产品，包括婴儿食品迄今在美国市场上已达4000种，也并未报道过一例食品安全事件。所以，仅仅由于Pusztai在小鼠身上做的经不起推敲的实验，就断定转基因土豆，甚至推而广之转基因食品的毒性，是不科学的。

世界上许多大的常规机构和科研部门也都声称：GM作物并不比传统育种技术所培育的品种对人类健康产生更多的威胁。以前的杂交育种其实也是改变基因，只不过采取的是一种较为缓和的方式，不如基因工程那么直接。

食物科技大革命

200

　　这样说，转基因食物一点也不会有任何负效应了？当然不是，因为首先我们必须明确，任何时候食品供应都不可能100%的安全，而转基因食物和普通食物一样地存在一定的风险，只不过它并不比普通的食物有更多的负效应。就如同某种普通食物使人发生食物中毒或过敏时，我们只是说这一种食物对人有危险而不是否定所有的食物一样，如果某一种转基因食物产生了某些负效应，我们也不能推而广之地说所有的转基因食品都有问题。每一种食物上这种可能产生的负效应，应当逐个地作出科学评价，而不应该统而言之。

转基因食品会造成过敏吗

　　目前唯——例涉及致人体发生过敏反应的是巴西坚果中占优势的贮存蛋白——2S清蛋白。这种蛋白有一种叫蛋氨酸的氨基酸含量很高，科学家们便把这个蛋白的基因转入其他作物中来改善其他作物的蛋白质质量，实验很成功，转入了此基因的植物中的蛋氨酸含量提高到30%。然而后来人们很快发现此基因编码的蛋白能引起人的过敏反应，因此放弃了这个基因的应用。其实这种过敏反应并不使人意外，因为有些人本来就对巴西坚果过敏，那么把引起过敏的蛋白基因转入大豆中，很自然，对巴西坚果过敏的人也会对这种转基因大豆过敏。

　　世界上最大的基因工程公司孟山都公司用同种方法评估了抗除草剂草甘膦的转基因大豆的潜在过敏性，结果发现转入大豆的EPSPS酶的基因序列并不与引起过敏的蛋白的基因序列相同或者相似，并且在模拟的哺乳动物消化系统中EPSPS酶很快被消化降解。

转基因作物中标记基因危险吗

我们已经知道在基因工程操作中，为了方便科学家对被转化的大肠杆菌的筛选，往往会在质粒中加上一段抗生素抗性基因，比如说抗氨苄青霉素的基因。人们担心的是，这些作物中的标记基因，特别是抗生素标记基因被人吃了以后，会不会转移到人的肠道微生物或上皮细胞中，如果那样的话，就会造成很可怕的后果：多大剂量的抗生素都无法对付人体内的致病菌，不仅天花、霍乱等疾病又可能卷土重来，连一次小小的感冒都有可能置人于死地。然而实际上人们吃了转基因食品以后，其中绝大部分 DNA 已降解，并在肠胃中失活，剩下不到 0.1% 的极小部分 DNA，也几乎没有可能再转移到肠道微生物和上皮细胞中，所以我们不能想当然地认为吃了有抗生素抗性基因的食物，人就也会对抗生素产生抗性。随着科技的发展，现在可以把转基因植物中的抗生素标记基因在它完成使命后通过一定的技术"删除"，甚至可以完全不用标记基因，不用抗生素，这就使人们对转基因食品的安全性更为放心了。其实，人们所担心的产生抗生素抗性的问题，并不是随着转基因食品的出现才出现的，细菌对抗生素越来越产生抗性，并非是转基因作物惹的祸，而主要是由于治疗人和动物疾病时滥用抗生素的后果。

就像一道道关卡——"请出示安全证件"，转基因食品一一顺利通过后，才来到了你我的面前，而对人类有威胁的那些则会由于其中一关通不过而被拦于关卡之外。

如同人们首先要吃饱，再会想到吃得有营养，人们所担心的转基因食品安全性得到证实，注目的焦点便又集中在以下问题上。

转基因食品会丧失原有的营养成分吗

其实恰恰相反,一些常规食品由于使用大量的化肥和农药,使其营养成分和味道发生衰减和变化,而转基因作物由于抗虫、抗病毒,大大减少了农药的使用,反而减少了食品中营养成分的丧失。

我们实验室的研究人员与中国预防医学科学院营养与食品卫生研究所合作,对转基因和未转基因的番茄的主要营养成分进行了详细的分析,分析的指标包括:蛋白质、脂肪、灰分、水分、膳食纤维、碳水化合物、维生素 C、胡萝卜素,还有微量元素如锌、钙、铁和钾。分析结果表明,在转基因和非转基因番茄株系与多数指标没有显著差异,但有几个指标,如碳水化合物、维生素 C、胡萝卜素和钾离子的含量,在转基因番茄中有一定的提高,说明转基因番茄品质上与非转基因番茄相比没有下降。

转基因作物对大自然安全吗

在这场 GMO 大辩论中,人们的疑虑除了人自身,还投向我们赖以生存的环境。1999 年 5 月的《自然》杂志载文说,美国科学家研究,转入 Bt 毒蛋白基因的抗虫玉米的花粉能导致大花蝶幼虫死亡,因而直接威胁到这种蝴蝶的生存。美国康奈尔大学的科学家用转基因玉米花粉喂养大花蝶幼虫,喂了 4 天后,44% 的幼虫死亡,而没有食用带花粉的叶子的幼虫全部存活。科学家们因此十分担心,转基因玉米种植将危害到大花蝶的安全。

文章一经发出,立即成为纽约时报、《华尔街》杂志、《今日美国》等

各大报刊的头版消息,100多名反对者举行生物毁坏 (Biodevastation)会议,并在街头游行示威。

　　然而与此相反,《自然》杂志发表了另一篇文章,英国耕地研究所的一个研究小组研究发现,转入 Bt(苏云金杆菌)毒蛋白基因的抗虫油菜对小菜蛾寄生蜂的生存并无影响。小菜蛾是田间已经对 Bt 作物产生抗性的第一种害虫,科学家们的实验是让这种寄生蜂将卵产于在 Bt 油菜上喂养的小菜蛾的幼虫身上,结果小菜蛾幼虫体内的 Bt 毒素对寄生蜂幼虫和成虫的存活都没有影响,这说明 Bt 基因没有在食物链中扩散。

　　既然 Bt 作物对昆虫的影响有这样截然相反的例子,我们就不能一概而论,仅仅以一个大花蝶的例子就把转基因作物一棍子打死,而是应该一个案例一个案例地进行分析,有利的我们就利用,有害的我们找出原因进行改造再利用,实在不行就坚决不使用。事实上,在大花蝶死亡的案例中,这并不是一个意外的事件,因为 Bt 毒蛋白就是特异地毒杀鳞翅目害虫的,而恰恰美丽的大花蝶不幸也属鳞翅目,自然"在劫难逃",会受到 Bt 毒蛋白影响了。好在大花蝶幼虫唯一的食物是一种叫马利筋的植物,而不是我们转了 Bt 毒蛋白基因的农作物。

　　有许多人还担心基因工程的大规模应用会导致"超级野草"和"超级害虫"的出现。如果通过花粉漂流将抗除草剂的基因转到了杂草上,可能会使杂草获得除草剂抗性,形成"超级野草";而大规模的抗虫转基因作物造成的高选择压力可能会使某些能抵御这种作物的"超级害虫"出现。这些问题亦引起了科学家的关注,但它并不是致命的和无法解决的问题,比如我们曾介绍过的"难民棉",给害虫一点点余地,不把它们"逼上梁山";又比如可以在作物中同时转入两种杀虫基因。实验证明,这样可以显著延缓害虫的抗性发展。

　　不知道那些转基因作物的坚决反对者们有没有想过, 是大规模地

食物科技大革命

喷洒农药更保护环境，还是像 GMO 这样不需要喷农药对环境更友好？有没有想过，是改变一个基因使作物产量提高 3 倍，还是砍伐森林来增加 3 倍的耕地面积，到底哪一种做法更保护环境？

他们也许应该知道，与我们人类文明同样源远流长的农业，它与生俱来就不是自然的活动，今天的作物已没有一种像它们的祖先，它们在数千年的选择中已具有与以前很大不同的基因，以更适应环境或更加高产。美国明尼苏达大学的研究人员发现，早在 5000 年前的石器时代，先农们就从类粟黍中转移了一种名叫 TB 的基因，从而使野草变成了玉米。从某种意义上讲，传统的农业与基因工程培育作物并无太大区别，两者的最终结果都是：人们重新调整了植物基因，使之具有所需的品质。

发展中国家看 GMO

在欧盟和美国等国家正轰轰烈烈地讨论着转基因作物接受还是不接受的问题时，发展中国家又如何反应呢？

非洲对于这场 GMO 大争论立场很鲜明："欧洲的需要与我们的不同，食品是非洲生存的首要问题。非洲已错过第一次绿色革命，不能再错过一次全球性的农业技术革命。"他们认为"欧洲对于 GMO 的批评是基于社会经济考虑，而不是食品安全问题"。

在墨西哥，每年 10%~60% 的土豆收成毁于害虫和病毒病，对于有些买不起杀虫剂的农民来说，这一灾害会毁灭他所有的庄稼。抗虫作物将有助于缓解这一危机，"对于许多农民来讲，基因工程作物是他们生存的希望"，墨西哥的一名研究者如是说。

亚洲国家又如何呢？

食物科技大革命

1997 年,我国发表了第五号国情报告,预测了中国 21 世纪的粮食问题,报告认为"中国农业的出路最终要由生物工程来解决"。在那一年,中国自己培育的抗早熟转基因番茄上市了,老百姓对它的反映很平静。在目前看来,我国转基因作物规模最大的算是抗病毒的烟草和抗虫棉了,而转基因食品的比例还是很小很小的,对大多数人来说还没有吃到。

20 世纪 50 年代起的那场第一次绿色革命使世界粮食产量增加了一倍,中国赶上了这一次革命,它对我国用占世界 7%的土地养活占世界 23%的人口功不可没,而到 2020 年世界对水稻、小麦、玉米的需求将增加 40%,中国农业也不可避免地面临这一挑战,利用基因工程技术解决日益增长的粮食危机可以说是大势所趋。从 1998 年到 1999 年我国自己研制的抗虫棉的社会经济效益就有 10 亿元,然而在 1998 年全球转基因作物的种植面积达 2780 万公顷时,在中国的分布仅有 20 万公顷,1%还不到。

其实,不仅仅是基因工程,任何人类活动和科技发明都具有风险性。

基因转入动物细胞技术

动物基因工程与植物基因工程的不同主要就是把基因转入动物细胞的方法不同。我们知道,植物细胞的全能性为向植物中转入基因提供了巨大的方便。可以把基因转入植物任一部分的细胞,因为任何一个转入了基因的植物细胞都具有长成一个完整的转基因植株的潜力。而动物就得想别的办法了。要想使转入基因的动物细胞增殖成一个完整的动物个体,并且这个动物的细胞中都携带有转入的外源基因,似乎只有一个办法——把基因转入一个非常特殊的细胞,那就是受精卵、胚胎干细胞或是早期胚胎细胞。这些细胞都有一个共同的特点,就是它们都有分化的潜能,是动物中有"全能性"的细胞。

目前,科学家们用于把基因转入动物细胞的方法主要有三种:反转录病毒法、DNA 微注射法和胚胎干细胞法。借助于这些方法,被转入了目的基因的动物就被科学家们称为转基因动物。

反转录病毒法

反转录病毒还有一个名字叫逆转录病毒,导致肿瘤的病毒、艾滋病病毒都属此类病毒。顾名思义,这种病毒有一种特殊的本领叫"逆转录"。其实明白了转录也就知道了逆转录,就是说它可以从 RNA 转录出 DNA。由于有这个特殊的本领, 将反转录病毒上的危险致病的东西去掉,换上一个我们需要的基因,然后用改造后的反转录病毒去感染早期动物胚胎细胞,就可以把我们需要的基因整合在动物细胞基因组中了。

事实上,科学家们很少用反转录病毒载体来转化用于商业生产的动物,因为很难杜绝它在转基因动物生产中的污染,由于种种原因,用这种方法转化的转基因动物可能会有大量复制病毒的危险,但在实验室里这仍是科学家们常常使用的方法。

给受精卵打针

在受精过程开始的时候,精子进入卵细胞后 1 小时以内,精子和卵细胞的核都是分开的,它们分别叫做精前核和卵前核。然后它们会慢慢地靠拢,最后融合起来。这两个前核通过显微镜是可以看见的,科学家们就是抓住两核融合之前的"契机",在显微镜下找到受精卵,对准其中的精前核进行 DNA 微注射。

那么科学家们是怎么给受精卵打针的呢?

找到受精卵以后,先用一种微小的负压固定管把它固定起来,因为它有点不听话,到处游动,就像淘气的小孩一样不肯打针。再用一种特殊的极微小的 DNA 注射器——它常常是用玻璃丝做的,极细极细——把装在注射器里的 DNA 溶液注入精前核中。

要知道,这种方法看起来虽然简单,可是操作起来技术性非常强,必须得受过严格训练的专业人员进行操作。想想看,一个细胞的直径只有 150 微米(1 微米是 1 米的百万分之一),也就是说,10 个细胞才顶得上一个针尖,而我们要给它打针的精前核才只有 20~30 微米的直径。每打完一针,大概含有 1 皮升(1 皮升是 1 升的万亿分之一)基因的溶液注入精前核。如果操作熟练且顺利的话,一个操作者一天可以注射几百个

精前核。

打完针后，事情还没有结束，还要做显微外科手术把这样的受精卵移到代孕母鼠的子宫中。移入后大概三个星期，代孕母鼠就会产下由接受注射的受精卵发育而成的幼鼠了。为了检测一下生下的幼鼠是不是转进去基因了，人们一般会取一小截幼鼠的尾巴，提取 DNA 进行一种叫 PCR 或者一种叫 Southern 印迹杂交的检测，这样就可以知道它是不是转基因小鼠了。

即使在最理想的情况下，最后发育成转基因小鼠的受精卵也只占注射受精卵的 5%，也就是说，注射过的受精卵最后只有 5%会长成转基因的小鼠。但是因为 DNA 微注射法的效果比较稳定，这种方法在目前的应用还是最广泛的。

胚胎干细胞法

胚胎干细胞被认为是所有细胞之母，它们是一些非常神奇的细胞。它们出现在精卵结合后的最初几天。我们知道，当受精卵一分为二，再一分为二……几次以后，就形成了一团聚集成球体的细胞。这个球体是中空的，在它外层的细胞将会变成胎盘，而少量靠近内层的、将变成胚胎的细胞就是胚胎干细胞。它们在体内存在不过 8 天，而它们的神奇之处在于它们可以进一步分化成我们身体组织中的各种细胞：能够有节律地搏动的心肌细胞，具有吞噬作用的免疫细胞，还有有着很长突触的神经元细胞……最终身体里所有的细胞都能追溯到胚胎干细胞。

科学家们发现，从胚胎中获得的胚胎干细胞可以在体外增殖，并且只要给它喂一种叫白血病抑制因子的"食物"，它就能在培养液里生长，并保持这种分化能力。

这些发现无疑为对胚胎干细胞进行基因工程操作和利用胚胎干细胞培育转基因动物提供了可能。科学家们用前述的逆转录病毒法和DNA 微注射法等在体外把基因转入胚胎干细胞，选出带有外源基因的细胞，再把这些细胞重新移入动物的胚胎中，这些整合了外源基因的细胞可以参与身体内各个组织的形成，所以用这种方法，也成功地培育出了转基因动物。值得一提的是，用这种方法制作转基因小鼠的成功率差不多有 100%呢！

也许有的人在想，既然我们利用这样的技术，把外来的基因转入动物中已经不成问题，那么同样地，也就可以把植物、细菌、动物……的基因转到人身上了?! 从理论上讲，当然是可以的，然而在世界上任何一个国家、任何一个实验室，做人的基因工程都是绝对禁止的。谁也不知道转入了大肠杆菌或者牛的基因的受精卵发育出的人会是什么样子，毕竟，只要是科学实验就会冒风险，而在人身上冒这个风险，将会给社会、给人类带来什么，就算再聪明的脑袋也无法想象。所以，各个国家、各个实验室，都乖乖地约定俗成地守着这个成文或不成文的规矩，唯恐打开了潘多拉的盒子。

在十二生肖中，鼠排在第一个，这大概是因为老鼠最喜欢在子时出来活动，也就是一天的最开始。在我们将要介绍的转基因动物中，老鼠又创造了一个"第一"——世界上诞生的第一例转基因动物就是转基因"超级鼠"。从那时起到现在，人们已经把上百种不同的基因转入了小鼠，在它身上做了各种各样的研究。迄今为止，转基因的小鼠是发展最早和最完善的系统了。

为什么在街上"人人喊打"的老鼠却如此受到科学家的青睐呢？

我们知道，鼠的繁殖能力和生活能力都是很强的，我们的灭鼠药、粘鼠胶之类的东西从来就不能把它们灭绝。另外，鼠的生殖周期很短，

一窝能下十几个，又迅速地长大。喂养它的成本很低，更重要的是它的基因整合率比较高。因为这些其他哺乳动物都无法比拟的优点，小鼠成了转基因动物实验的首选动物。

人们成功地把上百种不同基因转进小鼠后，进一步了解了许多以前不清楚的基础生物学过程，比如说高等动物的基因表达是受谁控制的啦，肿瘤是怎么形成的啦，胚胎是怎么形成的啦，一个受精卵又是怎么发育成一个复杂动物的，等等。虽然其中有些问题到现在或者说很长的一段时间内都还没办法彻底地弄明白，但是这些可爱的小鼠使这些问题的研究跨了一个大的台阶。还有，在判断可不可以利用家畜生产人类药物和构建人类各种遗传病的生物医学模型方面，转基因小鼠也发挥了重要的作用。

实验室的小鼠

人们很难对付的疾病有许多，比如说老年痴呆症、关节炎、肿瘤病、动脉硬化等，人们对它们都做了大量的比较深入的研究，至今却没有完全弄清楚它们是怎样发病的，又是怎样一步步发展起来给人类造成巨大痛苦的。而要以人为对象研究这些疾病的病因和发展过程，这几乎是不可能的：总不能随时将人的骨髓、细胞或血液等取出做研究；要在病人身上测试各种可能的治疗方案，这也是几乎不可能的；即使某些晚期患者或者他们的家属抱着一线希望强烈地要求尝试最新的治疗方案，也得慎之又慎。

如果有一个完整的动物模型，就可以模拟人类疾病的起始和发展，并且为测试各种可能的治疗方案提供一个统一有效的系统。虽然鼠与人类的亲缘关系甚远，所提供的信息有时对人类疾病的治疗帮助不大，

食物科技大革命

但是它能帮助科学家们深入了解复杂疾病的病因和发病过程。因为鼠有着前面我们描述过的其他哺乳动物所不可比拟的优点，并且科学家们在长期的探索中已经对鼠的基因操作有了一套成熟的方法，到现在，科学家们已经建立起了各种人类遗传病的鼠模型，这些模型系统包括老年痴呆症、关节炎、肿瘤病、动脉硬化等许多难以对付的复杂疾病。

老年痴呆症是威胁现代人生活的一种疾病，一般有1%的60~65岁之间的老人和30%的80岁以上的老人都可能患这种病，虽然似乎这种老年性的疾病离我们还很遥远，可是随着工业的发展、环境的恶化，以及快的生活节奏、不良的饮食习惯等各方面的原因，这种疾病对于我们的威胁比对于我们的父辈和祖辈还要严重得多，也就是说，我们这一代人到了老年的时候患上这种病的比例比我们的父亲和祖父要大得多。这种疾病的可怕之处在于大脑功能的衰退，它的特点是抽象思维能力和记忆力逐渐减退，并常伴随着性格改变、语言障碍、动作迟缓等症状，患病的老人常常记不起自己刚刚做过的事情，生活难以自理。

经过研究科学家们发现，在老年痴呆症患者大脑的某些区域，出现了一种叫老年斑的东西，它是神经纤维纠结成团形成的浓密的聚集体；同时还在患者的脑血管中发现了一种名叫类淀粉小体的聚集体。这两种物质的基本成分都是一种蛋白质，而引起它累积的原因目前还不清楚。科学家们估计它的积累是引起老年痴呆症的原因。

科学家们在研究中发现，有些老鼠一出生都会产生老年斑，而有些老鼠却没有。科学家们想要的就是这些没有老年斑的老鼠，它们可以被转入蛋白质的基因，培育成携带并表达蛋白质特性的转基因小鼠。现在科学家们已经做到了这一步。然而这离培育出人类老年痴呆症的转基因鼠还有一定的距离。虽然还有许多工作要做，但是无论如何，这项工作的前景还是令人鼓舞的。

食物科技大革命

老年痴呆症是一种特殊遗传疾病,除此之外,人们还建立了大量一般性遗传疾病的转基因小鼠模型,并且给这些小鼠取了名字,以方便对它们的研究。比如说 I 型糖尿病模型的小鼠叫做 NOD 小鼠,X 染色体连锁杜氏肌营养不良症模型的小鼠叫做 mdx 小鼠,等等,这些模型都成功地模拟了人类疾病的表现和发病机理,为相应的人的疾病的研究和治疗提供了有力的依据。

超级鼠

我们前面提到过那只曾引起世界轰动的超级鼠,这只转基因鼠的生长速度比正常小鼠快一倍,和同窝的小鼠比起来,它称得上一只与众不同的"硕鼠"了。

这只超级鼠是怎么来的呢?

它长得如此之快,完全是因为体内转入了大鼠的生长激素所致。脊椎动物的生长部分地受生长激素的调节,在正常生物体内,生长激素维持着一定的浓度;如果转入生长激素的基因,造成生物体内生长激素浓度的升高,就会使动物"超级"发育了。

在这个实验中,首先要分离到大鼠的生长激素的基因,而更为重要

食物科技大革命

的是人们从小鼠的金属硫蛋白基因中分离出启动子。必须解释一下，启动子是基因的一部分，相当于基因的火车头，它带动基因的表达；而小鼠的金属硫蛋白基因是一个非常强力的火车头，它可以使它后面的基因几乎在小鼠的任何组织细胞中都能高水平地表达。如果把大鼠的生长激素的基因接在这个启动子的后面，就形成一个"融合基因"，这个融合基因就可以在小鼠的任何组织细胞中都高水平地表达了。

科学家用刚才介绍的给受精卵"打针"的微注射法将这个融合基因注入小鼠的卵中，再把它植入代孕母鼠的子宫里。21 天后，生下了 21 只小鼠，经检测表明，其中有 7 只小鼠带有生长激素融合基因，这些小鼠中生长激素水平比普通小鼠高 800 倍，而重量几乎为别的小鼠的 2 倍。就这样，第一批转基因动物诞生了。很多转基因动物都是通过类似方法产生的。

在这之后，许多实验室用人的生长激素基因、猪的生长激素基因、羊的生长激素基因和牛的生长激素基因生产转基因的小鼠时，都得到了类似的超级鼠。

应该说，得到转基因的超级鼠似乎是科学家的一件很幸运的事情。因为后来科学家们用人的生长激素和牛的生长激素基因生产的转基因兔、绵羊和猪，虽然血液中生长激素水平很高，但生长速度并不比别的同类要快，相反，有的还要慢一些，甚至还有各种各样的病，寿命都不长。根据后来的研究认为，这是生长激素长期维持在高水平上所造成的。那为什么超级鼠能生活得好好的呢？人们猜测，小白鼠可能是一个比较特殊的例子，它似乎是一种适应力很强的动物，所以对高水平的生长激素可以做出积极的反应而没有不良的后果。

聪明鼠

最近美国有科学家宣布，他们已经用基因工程的方法培育出了一种聪明老鼠。培育这种聪明鼠的科学家比喻说："老鼠的学习能力经过提高后快得就像是性能优异的汽车的速度。"这项研究成果表明,利用基因来改善哺乳动物的学习和记忆是可能的。

科学家们向这种基因工程改造的老鼠的大脑中加入了一种叫NR2B 的额外基因。NR2B 是一种重要的开关,能控制大脑的联想能力,因而有助于老鼠提高学习速度和改善记忆力。NR2B 与一种名叫 NMDA 的大脑感受器一起工作,NMDA 就像是大脑中的信号站，人在衰老之后,NMDA 的反应能力就会减弱，这就是老年后学习变得困难的原因。而转入了 NR2B 基因的"杜吉",随着年龄的增大,它们的大脑却能保持幼年老鼠大脑的某些特征。做这项研究的科学家说,这些幼年老鼠的大脑特征有助于提高老鼠在晚年的学习能力。

人人都希望自己变得更聪明。既然老鼠可以变得聪明,那么人类的智慧似乎也有可能得到提高。这个研究更直接的受益者将是一些患有学习障碍以及记忆力下降或丧失的病人,比如说老年痴呆症患者,科学家们正努力把 NR2B 基因作为治疗这些疾病的药物作用的目标。

食物科技大革命

转基因奶牛

用动物乳汁生产医用蛋白一直是科学家们的美妙设想，而基因工程的出现给这个设想带来了巨大的希望。每只奶牛每年能产 1000 升以上的牛奶，平均每千克牛奶含 35 克蛋白质，转基因奶牛很可能成为生产医用蛋白的经济有效的"制药厂"，一个没有任何机械设备的"制药厂"。

第一个想出用动物乳汁生产医用蛋白的人一定是一个天才的创意家，因为这样做的好处实在太多了，也许在当时他根本还没有想那么多，让我们来看看这些优点到底是什么。首先，乳汁可以由乳腺不断地分泌，而且产量很高，每头奶牛每年可产 1000 升牛奶，长期收集也不会对动物造成伤害。其次，将新的医用蛋白限制在乳腺内生产，最后分泌到乳汁中，这个过程不容易对转基因动物的正常生理活动造成影响。还有，乳腺分泌的蛋白质是从正常的高等哺乳动物中来的，这使得生产的医用蛋白更接近于人类自身的蛋白质。此外，因为乳汁中含有的其他蛋白质不多，所以乳汁中蛋白纯化起来就比较容易，而蛋白的纯化往往是其他基因工程生产的医用蛋白最头痛的问题。说了这么多，总而言之，对人、对动物，好处都是大大的!

如果尝试把哺乳动物作为生产医用蛋白的工厂的话，奶牛应该算是转基因的首选动物。这当然是因为它的巨大产奶量。有人计算了一下，把传统的用细胞培养来生产医用蛋白的方法和用转基因奶牛生产

医用蛋白的方法作比较，传统的方法生产每克医用蛋白的成本大概需要 6400 元到 40000 元，而用转基因奶牛，每克成本只有 0.15~4 元，相差 10000 倍！怪不得许许多多的科学家都盯准了转基因奶牛，也可见科技给人类带来了许许多多财富。

转基因奶牛除了用于生产医用蛋白，还有很多其他的重要用途呢！

前面我们在"超级鼠"中，提到生长激素使小鼠飞速生长成"硕鼠"，而在家畜中，生长激素除调节生长速度外，还调节产奶量等。如果我们能利用生长激素的这一作用，使奶牛生长得更快，并且产出更多的牛奶，那该多好！

科学家们早就想到了这一点，牛生长激素基因还是最早投入使用的转入基因之一呢。最开始，人们通过基因工程的手段，利用大肠杆菌大量生产牛生长激素，然后将分离纯化得到的生长激素注射到牛体内，结果奶牛的产奶量提高了 14%，算下来，每升牛奶所耗费的饲料量都有所减少，但是因为注射到奶牛体内的生长激素会不断分解，所以需要经常注射，这无疑大大提高了饲养的成本(如果奶牛也能发表意见的话，它们可能也早对此提出了抗议)，后来科学家们便采取了更直接的办法，就是把可以超量表达的牛生长激素基因转入牛体内，培育出转基因牛，这样就不用常常给牛"打针"，成本也降低了。目前，这个实验已取得了初步的成功。

有人曾经提出"一杯牛奶强壮一个民族"，建议每个人，特别是儿童每天早上喝一杯牛奶。牛奶中含有丰富的营养，这是毫无疑问的。然而有些人却由于自身的原因，不能喝牛奶，只能对它望而兴叹，这些人体内往往缺乏乳糖酶，不能分解乳糖，而乳糖是牛奶的一种成分，因此他们就不能消化牛奶或含奶食物，产生过敏的症状。现在科学家们正在想办法培育转入乳糖酶基因的转基因牛，它们可能产生不含乳糖的牛奶，

想必这个尝试一旦成功,会深受那些对牛奶过敏的人的欢迎。

人们还希望从牛奶中提炼出更多的乳酪,而牛奶中乳酪的产量与牛奶中一种叫酪蛋白的蛋白质含量直接相关,人们就想,也许转入一个超量表达的 K 酪蛋白基因,就能够增加 K 酪蛋白的产量。用基因工程的方法改变牛奶的成分也是人们正在做的一项研究。

这些设想都是很美好的,然而尽管转基因牛有着很好的发展前景,转基因牛的大量生产却进展缓慢,这是因为获得转基因牛比获得其他转基因动物要困难多了,尤其是与转基因鼠相比。我们已经知道,在最理想的情况下,用 DNA 微注射法使基因转入小鼠并长成转基因鼠的成功率只有 5%那么低,而转基因牛的成功率就更低了。要知道,把外源基因注入精前核时,牛的精前核特别难以分辨,这无疑增加了操作的难度,再加上从受精卵发育成小牛差不多要花费两年的时间——小鼠只需二十多天,牛每胎产仔数目很少——不可能像小鼠那样一窝生上七八上十个,难怪要困难多了。不过尽管难度大,可是相信人类的智慧总有一天会让我们喝上更多的牛奶,能治病的牛奶,不含乳糖的牛奶的。